定期テスト **ズバリよくでる** 数学 1年 教

もくじ

取り外してお使いください 赤シート+直前チェックBOOK,別冊解答

※全国の定期テストの標準的な出題範囲を示しています。学校の学習進度とあわない場合は,「あなたの学校の出題範囲」欄に出題範囲を書きこんでお使いください。

Step 1 基本チェック 1節 整数の性質

10分

教科書のたしかめ [ ]に入るものを答えよう！

❶ 素数と素因数分解 ▶ 教 p.16-18 Step 2 ❶

解答欄

□(1) 10から30までの自然数のうち，素数（そすう）は11，[13]，17，[19]，23，[29]の6個である。

□(2) 54を素因数分解（そいんすうぶんかい）すると，[$2\times3\times3\times3$]となり，これを累乗（るいじょう）の指数（しすう）を使って表すと[2×3^3]となる。

□(3) 96を素因数分解して累乗の指数を使って表すと[$2^5\times3$]

(1)

(2)

(3)

❷ 素因数分解の活用 ▶ 教 p.19-20 Step 2 ❷❸

□(4) 20を素因数分解すると$2\times2\times5$だから，20の約数は1，2，5の他に，素因数2個の積で，$2\times2=4$，$2\times$[5]$=$[10]，素因数3個の積で，$2\times$[2]$\times5=$[20]がある。

□(5) $28=2\times2\times7$，$42=2\times3\times7$だから，28と42の最大公約数は共通な素因数をかけて，[2]$\times$[7]$=$[14]である。

(4)

(5)

教科書のまとめ ＿に入るものを答えよう！

□ものの個数を数えたり，順番を示すときに使われる数1，2，3，…を 自然数 という。

□ 1とその数自身の積の形でしか表せない自然数を 素数 という。

□自然数をいくつかの素数の 積 の形で表すとき，その1つ1つの数をもとの自然数の 素因数 という。

□自然数を素因数だけの積の形に表すことを，自然数を 素因数分解 するという。

Step 2 予想問題 1節 整数の性質

10分

【素因数分解】

❶ 次の自然数を素因数分解しなさい。

□(1) 70 (　　　　)　□(2) 144 (　　　　)

【約数】

❷ 素因数分解を利用して，56の約数をすべて求めなさい。

□ (　　　　)

【最大公約数】

❸ 素因数分解を利用して，48と78の最大公約数を求めなさい。

□ (　　　　)

ヒント

❶ 小さい素数から順に，わっていきます。

❷ 素因数2個の積，3個の積，…と求めます。

❸ 2つの自然数に共通する素因数の積です。

[解答▶p.1]

Step 1 基本チェック

1節 正の数，負の数

15分

教科書のたしかめ　[ ]に入るものを答えよう！

❶ 符号のついた数

▶ 教 p.26-29　Step 2 ❶-❺

解答欄

□ (1) 0 ℃を基準にすると，それより 8 ℃低い温度は[-8]℃と表すことができる。

□ (2) A さんより 5 cm 背の高い人の身長を $+5$ cm と表すとき，1.8 cm 背の低い人の身長は，[-1.8]cm と表すことができる。

□ (3) 体重が 3 kg 増えることを $+3$ kg と表すとき，体重が 1.5 kg 減ることは，[-1.5]kg と表すことができる。

□ (4) A 地点から北へ 10 km 進むことを $+10$ km と表すとき，南へ 16 km 進むことは[-16]km と表すことができる。

□ (5) 0 より 8 小さい数，0 より 17 大きい数を，正負(せいふ)の符号(ふごう)を使って表すと，それぞれ[-8]，[$+17$]である。

□ (6) $\{-2.5,\ +3,\ +\frac{1}{5},\ -8,\ +3.8,\ 0,\ -12,\ -\frac{8}{3}\}$ の中から整数をすべて選ぶと，[$+3,\ -8,\ 0,\ -12$]である。

❷ 数の大小

▶ 教 p.30-33　Step 2 ❻-❿

□ (7) 点 A，B に対応する数はそれぞれ[-2.5]，[$+3$]である。

-5　A　0　B　$+5$

□ (8) -8 と -3 の大小を，不等号を使って表すと，[$-8<-3$] または，[$-3>-8$]である。

□ (9) $+3.5$ の絶対値(ぜったいち)は[3.5]，絶対値が 4 である数は[-4]と[$+4$]である。

□ (10) -5 と -11 のうちで，大きい数は[-5]で，絶対値の大きい数は[-11]である。

教科書のまとめ　___に入るものを答えよう！

□ 基準より大きな数には 正 の符号 ＋，小さな数には 負 の符号 － を使って表す。

□ 0 より大きい数を 正の数，0 より小さい数を 負の数 という。

□ 整数を分類すると，正の整数，0，負の整数 になる。正の整数を 自然数 ともいう。

□ 数直線上で，ある数に対応する点から原点(げんてん)までの距離を，その数の 絶対値 という。

□ 正の数は，その 絶対値 が大きいほど大きく，負の数は，その 絶対値 が大きいほど小さい。

Step 2 予想問題 **1節 正の数，負の数**

1ページ 30分

【基準値との差を表す】

❶ 「横浜ランドマークタワー」の高さ 296 m を基準にして，それより高い高さを正の符号，低い高さを負の符号を使って，次のビルの高さを表しなさい。

□(1) 「あべのハルカス」の高さ　300 m　(　　　)

□(2) 「サンシャイン 60」の高さ　240 m　(　　　)

【正の数，負の数で数量を表す①】

点UP

❷ 次の数量を，正の符号，負の符号を使って表しなさい。

□(1) いまから 10 分後の時刻を +10 分と表すとき，いまから 20 分前の時刻　(　　　)

□(2) クラスの平均身長より 5 cm 高いことを +5 cm と表すとき，平均身長より 2.4 cm 低い身長　(　　　)

□(3) 北に 3 km 進むことを +3 km と表すとき，南に 7 km 進むこと　(　　　)

【正の数，負の数を表す】

よく出る

❸ 次の数を，正の符号，負の符号を使って表しなさい。

□(1) 0 より 2.3 小さい数　(　　　)

□(2) −3 より 4 大きい数　(　　　)

□(3) 1 より −3 大きい数　(　　　)

□(4) −4.8 にもっとも近い整数　(　　　)

【数の分類】

点UP

❹ 次の数の中から整数をすべて選びなさい。

□

$+5.2,\ -4,\ 3,\ -\frac{2}{3},\ 0,\ -0.1,\ \frac{12}{5},\ -2.7$　(　　　)

【正の数，負の数で数量を表す②】

❺ 次の表は，5 個の卵について，その重さと基準の重さとのちがいを示したものです。次の問いに答えなさい。

番　号	1	2	3	4	5
卵の重さ(g)	ア	56	63	67	イ
基準との差(g)	+1	ウ	+3	エ	−2

□(1) 基準の重さは何 g か，書きなさい。　(　　　)

□(2) 上の表のア〜エをうめ，表を完成しなさい。

ヒント

❶ 基準との差を符号を使って表す。

❷ 反対の性質や反対の方向をもつ数量は，基準を決めることで，その大小により正の符号，負の符号を使って表すことができる。

❸ 数直線をかいて考える。
(3)「1 より 3 小さい数」と考える。

ミスに注意
−4.8 が −4 と −5 の間にある数であることに注意する。

❹ 0 も整数であることに注意する。

❺ 基準より重い値は＋で，軽い値は−で示されている。

[解答▶p.2]

【数直線上の点】

よく出る

❻ 下の数直線上で，A，B，C，D に対応する数を書きなさい。

□

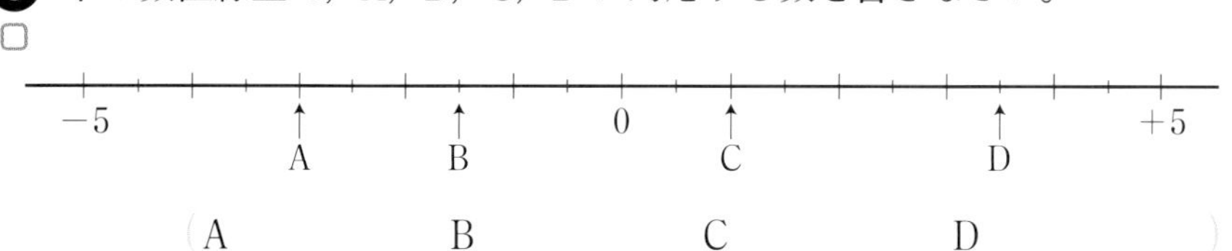

（A　　　　B　　　　C　　　　D　　　　）

【数を数直線上に表す】

❼ 次の数に対応する点を，下の数直線上に表しなさい。

□(1)　$+4$　　□(2)　-2　　□(3)　$+4.5$　　□(4)　$-\dfrac{7}{2}$

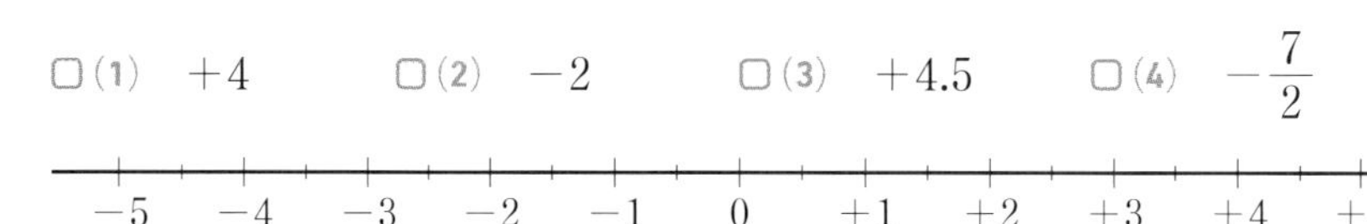

【数直線を利用して数の大小を求める】

❽ 下の数直線を使って，次の各組の数の大小を，不等号で表しなさい。

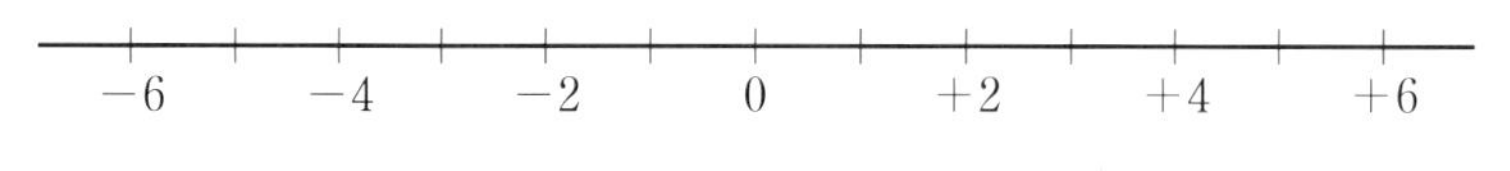

□(1)　-1，-6　（　　　）

□(2)　-2，$+3$，-5　（　　　）

【絶対値】

❾ 次の問いに答えなさい。

(1)　次の数の絶対値をいいなさい。

□①　$-\dfrac{3}{7}$　（　　　）　□②　0　（　　　）

□③　$+8$　（　　　）　□④　-2.3　（　　　）

□(2)　絶対値が 3.5 である数をすべていいなさい。（　　　）

□(3)　絶対値が 2 より小さい整数をすべていいなさい。

（　　　）

【数の大小の比較】

よく出る

❿ 次の各組の数の大小を，不等号を使って表しなさい。

□(1)　$+5.4$，$+3.8$　（　　　）　□(2)　-27，-19　（　　　）

□(3)　$-\dfrac{7}{9}$，$-\dfrac{7}{11}$　（　　　）　□(4)　$-\dfrac{2}{3}$，$-\dfrac{3}{4}$　（　　　）

点UP

□(5)　-2.5，-2，$-\dfrac{7}{2}$　（　　　）

ヒント

❻
数直線上で原点より左側の点は負の数を，右側の点は正の数を表す。

❼
(4)分数は小数に直して考える。

❽
数直線上では右にある数ほど大きく，左にある数ほど小さい。

❾
ミスに注意
(2)では，答えが 1 つだけではないことに注意する。

(3)絶対値が 2 である数はふくまない。

❿
テスト得ダネ
数の大小を不等号を使って表す問題は必ず出題される。数直線上に表して確認しよう。

ミスに注意
3 つの数□，○，△の大小を不等号で表すとき
□<○>△
□>○<△
のような書き方はしない。

2章

Step 1 基本チェック　2節 加法と減法／3節 乗法と除法　4節 正の数，負の数の活用

15分

教科書のたしかめ　[　]に入るものを答えよう！

2節 加法と減法　▶ 教 p.34-45　Step 2 ❶-❼

解答欄

□(1) $(+5)+(+7)=+(5+7)$ $=[\ +12\ ]$

□(2) $(-5)+(-7)=-(5+7)$ $=[\ -12\ ]$

□(3) $(-5)-(+7)=(-5)+(-7)$ $=[\ -12\ ]$

□(4) $(+5)-(-7)=(+5)+(+7)$ $=[\ +12\ ]$

3節 乗法と除法　▶ 教 p.46-60　Step 2 ❽-⓭

□(5) $(+3)\times(+5)=+(3\times5)$ $=[\ +15\ ]$

□(6) $(-3)\times(-5)=+(3\times5)$ $=[\ +15\ ]$

□(7) $(+3)\times(-5)=-(3\times5)$ $=[\ -15\ ]$

□(8) $(+3)\div(+5)=+(3\div5)$ $=\left[\ +\frac{3}{5}\ \right]$

□(9) $(-3)\div(-5)=+(3\div5)$ $=\left[\ +\frac{3}{5}\ \right]$

□(10) $(-3)\div(+5)=-(3\div5)$ $=\left[\ -\frac{3}{5}\ \right]$

□(11) $-\frac{1}{5}$ の逆数(ぎゃくすう)は[-5]であり，$-\frac{3}{4}$ の逆数は$\left[\ -\frac{4}{3}\ \right]$である。

□(12) $\left(+\frac{2}{5}\right)\div\left(-\frac{6}{7}\right)=\left(+\frac{2}{5}\right)\times\left(\left[\ -\frac{7}{6}\ \right]\right)=\left[\ -\frac{7}{15}\ \right]$

□(13) $-5^2=-(5\times5)=[\ -25\ ]$

$(-5)^2=(-5)\times(-5)=[\ +25\ ]$

□(14) $\left(-\frac{2}{5}+\frac{3}{4}\right)\times20=\left(-\frac{2}{5}\right)\times20+\frac{3}{4}\times[\ 20\ ]$

$=-8+[\ 15\ ]=[\ +7\ ]$

(1)
(2)
(3)
(4)
(5)
(6)
(7)
(8)
(9)
(10)
(11)
(12)
(13)
(14)

4節 正の数，負の数の活用　▶ 教 p.61-62　Step 2 ⓮

教科書のまとめ　＿＿に入るものを答えよう！

□ **加法**(かほう)…同じ符号の2数の和⇒2数の 絶対値 の和に，2数と同じ符号をつける。

異なる符号の2数の和⇒2数の絶対値の 差 に，絶対値の 大きい方 の符号をつける。

□ **減法**(げんぽう)…ひく数の符号を変えて，加法に直してから計算する。

□ **乗法**(じょうほう)**・除法**(じょほう)…同じ符号の2数の積・商⇒2数の絶対値の積・商に， 正 の符号をつける。

異なる符号の2数の積・商⇒2数の絶対値の積・商に， 負 の符号をつける。

□ **四則の混じった計算**…累乗→かっこ→乗除→加減の順に左から計算する。

Step 2 予想問題　2節 加法と減法／3節 乗法と除法　4節 正の数，負の数の活用

1ページ 30分

【同符号の数の加法】

1 次の計算をしなさい。

□(1) $(+3)+(+7)$　　□(2) $(+23)+(+9)$

□(3) $(+19)+(+11)$　　□(4) $(-6)+(-2)$

【異符号の数の加法】

よく出る

2 次の計算をしなさい。

□(1) $(-5)+(+9)$　　□(2) $(-12)+(+6)$

□(3) $(+3)+(-8)$　　□(4) $(+14)+(-7)$

【加法の交換法則と結合法則】

点UP

3 次の計算をしなさい。

□(1) $(+8)+(-7)+(+4)$　　□(2) $(-3)+(+11)+(-8)$

□(3) $(-14)+(-35)+(+35)$　　□(4) $(-12)+(+23)+(+12)$

【減法】

よく出る

4 次の計算をしなさい。

□(1) $(+7)-(+3)$　　□(2) $(-4)-(+12)$

□(3) $(+5)-(-8)$　　□(4) $0-(-6)$

【加法と減法の混じった計算】

よく出る

5 次の計算をしなさい。

□(1) $(-12)+(+8)-(-5)$　　□(2) $(-8)-(-3)-(+7)$

□(3) $(+6)-(+3)+(-7)-(-8)$　　□(4) $(+7)-(+6)-(-5)+(-4)$

ヒント

1 2数の絶対値の和に2数と同じ符号をつける。

2 2数の絶対値の差に，絶対値の大きい方の数の符号をつける。

3 (1)(2)交換法則と結合法則を用い，同符号の数の加法を先に行う。
(3)(4)計算の順番を変えることで，計算が楽になる。

4 減法は，引く数の符号を変えて，加法に直してから計算する。

5 加法だけの式に直し，正の項，負の項をそれぞれまとめてから計算する。

【かっこを省いた式】

点UP

6 次の計算をしなさい。

□(1) $11-12-8$　　□(2) $-9+13-8$

□(3) $17-28+32-12$　　□(4) $39-8-24+11$

ヒント

6

ミスに注意

(2)では，$-9+13$ の計算を $-(9+13)$ とするミスが多い。気をつけよう。

【小数や分数の計算】

7 次の計算をしなさい。

□(1) $-9.7+4.2+7$　　□(2) $-7.4-2.6+5.2$

□(3) $-\frac{5}{3}+\frac{1}{4}-\frac{1}{2}$　　□(4) $-\frac{2}{5}+4.7-\left(-\frac{3}{4}\right)-5.3$

7

小数や分数でも計算のやりかたは変わらない。

(4)まずは，小数は小数どうし，分数は分数どうしで計算する。次に，分数だけ，または小数だけの式に直してから計算する。

【正の数や負の数の乗法】

よく出る

8 次の計算をしなさい。

□(1) $(+4)\times(+7)$　　□(2) $(+3)\times(-8)$

□(3) $(-7)\times(+9)$　　□(4) $(-6)\times(-3)$

8

同符号の2数の積の符号は正，異符号の2数の積の符号は負になる。

【いくつかの数の積】

点UP

9 次の計算をしなさい。

□(1) $(-3)\times(+5)\times(-4)$　　□(2) $(-2)\times(-2)\times(-5)$

□(3) $(-5)\times(-1)\times(+8)\times(-2)$　　□(4) $(-7)\times(+12)\times0\times(-12)$

9

積の符号を先に求めてから計算する。負の数が奇数個⇒積は負。負の数が偶数個⇒積は正。

(4)計算式の中に0があることに注意する。

【累乗の計算】

よく出る

10 次の計算をしなさい。

□(1) $(-5)^2$　　□(2) -5^2　　□(3) -4×3^2

□(4) -6^2　　□(5) $(-2)\times(-3)^3$　　□(6) $3\times(-2)^3$

10

ミスに注意

(2)を $(-5)\times(-5)$ として計算してはいけない。

[解答▶p.3]

【逆数】

11 次の数の逆数を求めなさい。

□(1) 6　□(2) -3　□(3) -0.6　□(4) $\frac{2}{5}$　□(5) $-\frac{1}{3}$

ヒント

11
積が1になる2つの数の一方を他方の数の逆数という。
(3)分数に直してから逆数を考える。

【正の数や負の数の除法】

よく出る

12 次の計算をしなさい。

□(1) $(+8)\div(-2)$　□(2) $(-16)\div(+6)$

□(3) $\left(+\frac{2}{7}\right)\div\left(-\frac{1}{2}\right)$　□(4) $\left(-\frac{5}{9}\right)\div\left(-\frac{10}{7}\right)$

12
同符号の2数の商の符号は正，異符号の2数の商の符号は負になる。
(3)(4)わる数の逆数をかける。

テスト得ダネ
分数の計算結果は必ず約分しておこう。

【いろいろな計算】

点UP

13 次の計算をしなさい。

□(1) $(-6)\div(-16)\times(-12)$　□(2) $-0.4\times\left(-\frac{5}{4}\right)\div\left(-\frac{3}{4}\right)$

□(3) $75-(-5)^2\times(-1)$　□(4) $12+(7-9)^3\times(-3)$

13
(1)(2)乗除だけの計算は，乗法だけの式にして計算する。

【正の数と負の数の活用】

点UP

14 次の表は，A～Eの5人の身長測定の結果を表したものです。基準の高さを150.0 cmとするとき，あとの問いに答えなさい。

	A	B	C	D	E
身長(cm)	146.8	153.4	148.0	152.3	147.5
基準との差					

□(1) 基準との差を表に書きなさい。

□(2) 基準との差をもとにして，5人の平均身長を求めなさい。

14
(1)基準より高いときは＋，低いときは－である。
(2)基準との差の平均を求める。

Step 3 予想テスト　1章 整数の性質　2章 正の数，負の数

30分　／100点　目標 80点

1 90について，次の問いに答えなさい。知　8点(各4点)

□(1) 素因数分解しなさい。

□(2) (1)の結果を使って，90の約数をすべて求めなさい。

2 次の数量を，正の符号，負の符号を使って表しなさい。知　8点(各4点)

□(1) いまから2時間前の時刻を -2 時間と表すとき，いまから8時間後の時刻

□(2) 2000円の収入を $+2000$ 円と表すとき，3500円の支出

3 下の数直線上の点 A～E について，次の問いに答えなさい。知　8点(各4点，(1)は完答)

□(1) 絶対値が最も大きい数を表す点はどれですか。また，その点が表す数はいくつですか。

□(2) 最も大きい数と最も小さい数の差を求めなさい。

4 次の各組の数の大小を，不等号を使って表しなさい。知　8点(各4点)

□(1) $-5,\ -\dfrac{16}{3}$　　□(2) $-(-2)^3,\ -3^2$

5 次の計算をしなさい。知　36点(各4点)

□(1) $12-(-6)$　　□(2) $\left(-\dfrac{3}{4}\right)-\left(-\dfrac{2}{3}\right)$　　□(3) $(-8)+(+13)-(-6)$

□(4) $(-8)\times 4$　　□(5) $0\div(-12)$　　□(6) $(-6)^2\div 24\times\dfrac{5}{6}$

□(7) $25-(-5)^2\times 2$　　□(8) $-2^3+(-4)\times(-3^2)$　　□(9) $(-20)\times 14+(-4)^3\times(-20)$

6 次の(1)～(3)のことがらが正しいときは○を書き，正しくないときはその例をあげなさい。知 考　12点(各4点)

□(1) 0からどんな負の数を引いても，差は負の数になる。

□(2) 指数が自然数であるとき，自然数の累乗は自然数である。

□(3) 整数を整数で割ると，その商は整数または分数になる。

　成績評価の観点　知…数量や図形などについての知識・技能　考…数学的な思考・判断・表現

❼ ノートが42冊とボールペンが189本あります。このノートとボールペンを，余りが出ないように同じ数ずつ何人かに配ります。できるだけ多くの人に配るようにすると，何人に配ることができますか。また，このときノートとボールペンは，1人にいくつずつ配られますか。

□ 考 8点(完答)

❽ 次の表は，A～Fの6人の数学のテストの得点を，70点を基準として表したものです。これについて，あとの問いに答えなさい。考 12点(各4点)

A	B	C	D	E	F
+5	−5	+10	+1	+24	−8

□(1) 最高得点は何点ですか。

□(2) AとFの得点の差は何点ですか。

□(3) 6人の平均点は何点ですか。

❶	(1)	(2)	
❷	(1)	(2)	
❸	(1)	(2)	
❹	(1)	(2)	
❺	(1)	(2)	(3)
	(4)	(5)	(6)
	(7)	(8)	(9)
❻	(1)	(2)	(3)
❼	人数　　人，	ノート　　冊，	ボールペン　　本
❽	(1)	(2)	(3)

❶ ／8点 ❷ ／8点 ❸ ／8点 ❹ ／8点 ❺ ／36点 ❻ ／12点 ❼ ／8点 ❽ ／12点 [解答▶p.4]

Step 1 基本チェック　1節 文字を使った式

15分

教科書のたしかめ　[ ]に入るものを答えよう！

❶ 文字の使用　▶ 教 p.72-73　Step 2 ❶

解答欄

□(1) 1冊 x 円のノート5冊と，1本 y 円のボールペン3本を買ったときの代金は（[$x\times5+y\times3$]）円である。

❷ 式の表し方　▶ 教 p.74-76　Step 2 ❷❸

次の(2)〜(6)において，×や÷の記号をはぶいて表すと，

□(2) $x\times3=$[$3x$]，$1\times x=$[x]，$x\times(-1)=$[$-x$]

□(3) $x\times0.7=$[$0.7x$]，$\left(-\frac{1}{3}\right)\times x=$[$-\frac{1}{3}x$]

□(4) $a\times(-2)\times b=$[$-2ab$]，$6+x\times(-3)=$[$6-3x$]

□(5) $a\times a=$[a^2]，$x\times(-2)\times x\times x=$[$-2x^3$]

□(6) $a\div3=$[$\frac{a}{3}$]，$(x-1)\div2=$[$\frac{x-1}{2}$]

❸ 数量の表し方　▶ 教 p.77-78　Step 2 ❹

□(7) 縦 a cm，横 b cm の長方形の周囲の長さは[$2(a+b)$]cm である。

□(8) x 円の11 %は，小数だと[$0.11x$]円，分数だと[$\frac{11}{100}x$]円である。

❹ 式の値　▶ 教 p.79-80　Step 2 ❺

□(9) $x=3$ のとき，$2x-1=$[5]，$-x^2+2=$[-7]

□(10) $a=-2$，$b=3$ のとき，$2a+ab=$[-10]

❺ 式の読み取り　▶ 教 p.81-82　Step 2 ❻❼

□(11) 式 $\frac{1}{2}ah$ は，底辺 a cm，高さ h cm の三角形の[面積]を表す。

□(12) n が整数のとき，$2n-1$ は[奇数]，$2n$ は[偶数]を表す。

□(13) 十の位の数が x，一の位の数が y の2桁の自然数は，[$10x+y$]と表すことができる。

(1)
(2)
(3)
(4)
(5)
(6)
(7)
(8)
(9)
(10)
(11)
(12)
(13)

教科書のまとめ　＿に入るものを答えよう！

□文字の混じった乗法では，乗法の記号×を はぶく 。

□文字と数との積では，数を文字の 前 に書く。

□除法の記号÷は使わないで， 分数 の形で書く。

□式の中の文字を数に置きかえることを，文字に数を 代入する という。代入（だいにゅう）して計算した結果を，その 式の値 という。

Step 2 予想問題　1節 文字を使った式

1ページ 30分

【数量を，文字を使った式で表す】

❶ 次の数量を，文字を使った式で表しなさい。ただし，×や÷の記号はそのまま書きなさい。

□(1) 1本80円のボールペンをx本買って，1000円出したときのおつり
（　　　）

□(2) 面積が200 cm^2の長方形の縦の長さがa cmであるときの横の長さ
（　　　）

□(3) 時速5 kmでx分間歩いたときの道のり
（　　　）

【文字の式の表し方の約束】

よく出る

❷ 次の式を，×，÷の記号を使わないで表しなさい。

□(1) $x\times(-5)$　（　　　）
□(2) $(-1)\times a$　（　　　）
□(3) $b\times\left(-\frac{2}{3}\right)\times a$　（　　　）

□(4) $b\times0.1\times a$　（　　　）
□(5) $a\div4\times b$　（　　　）
□(6) $b\div(-3)+a$　（　　　）

□(7) $a\times a\times a\times a$　（　　　）
□(8) $x\times2\times y\times y$　（　　　）
□(9) $x\div\left(-\frac{3}{4}\right)-y\times2$　（　　　）

□(10) $a-(b+c)\div3$　（　　　）
□(11) $12-x\times x\times3$　（　　　）
□(12) $x\div y-1\div z$　（　　　）

【×，÷の記号を使って表す】

❸ 次の式を，×，÷の記号を使って表しなさい。

□(1) $2ab$　（　　　）
□(2) $0.3ab^2$　（　　　）

□(3) $\frac{x^2y}{4}$　（　　　）
点UP □(4) $\frac{ab-2c}{3}$　（　　　）

□(5) $\frac{2}{3}(x-y)$　（　　　）
□(6) $\frac{a}{2}+3(b-1)$　（　　　）

ヒント

❶
単位を付け忘れないこと。

ミスに注意
(3)では，時速を分速に直すか，分を時間に直して，単位をそろえる。

❷
(2)$-1a$としないこと。
(3)(4)(5)アルファベット順に書くのがふつう。
(10)(　)は不要になる。

❸
書き方は1通りとはかぎらないが，積は，数字や文字が出てくる順とし，間に×の記号を入れる。分数の分母は，分子の後に÷をつけて書く。
(4)(　)をつけることを忘れないこと。

[解答▶p.5]

【文字を使った数量の表し方】

よく出る

4 次の数量を，×や÷の記号は使わずに，式で表しなさい。

□(1) a L の 20 %　(　　　)

□(2) 縦 x cm，横 8 cm の長方形の周の長さ　(　　　)

□(3) a km の道のりのうち，分速 x m で 50 分歩いたときの残りの道のり　(　　　)

□(4) 縦 a cm，横 b cm，高さ 10 cm の直方体の体積　(　　　)

□(5) 1個150円のりんご x 個と1個120円のかき y 個を買ったときの合計の代金　(　　　)

【式の値】

よく出る

5 次の式の値を求めなさい。

□(1) $x=4$ のとき，$-2x+3$　(　　　)

点UP

□(2) $a=\frac{2}{3}$ のとき，$a-\frac{2}{a}$　(　　　)

□(3) $a=-2$ のとき，$3a^2-2a$　(　　　)

□(4) $x=2$，$y=-3$ のとき，$3x-4y$　(　　　)

□(5) $a=3$，$b=-2$ のとき，$a^2-2ab-3b^2$　(　　　)

点UP

【式の読みとり】

6 ある中学校の昨年度の入学者数は 225 人でした。今年度は，昨年度と比較して，全体で 80 % 少なく男子の人数は 2 % 多く，女子の人数は 16 % 少ないです。昨年度の男子の入学者数を x 人としたとき，次の(1)〜(3)の式はどんな数量を表していますか。また，今年度の女子の入学者数を y 人として(4)の問いに答えなさい。

□(1) $225-x$　(　　　)

□(2) $1.02x$　(　　　)

□(3) $1.02x+0.84(225-x)$　(　　　)

□(4) 昨年度の男子の入学者数を，y を使って表しなさい。　(　　　)

【倍数の表し方】

7 n が整数のとき，次の式はどんな数を表していますか。

□(1) $2n-1$　□(2) $5n$　□(3) $3n+2$

(　　　)　(　　　)　(　　　)

ヒント

4

(3)全体の道のりを m で表す。

テスト得ダネ

数量を，文字を使った式で表す問題は必ず出題される。速さ，割合などの数量の関係をよく理解しておこう。

5

ミスに注意

式の値を求める問題では，負の数を代入するときにミスが多い。負の数をかっこでくくって代入することを忘れないようにする。

(2)分数の式に分数の値を代入するときは，分数の式を，(分子)÷(分母)の形にしてから代入するとよい。

6

1 % は小数では，0.01 にあたる。

7

(1)$2n$ は偶数を表す。

[解答▶p.6]

Step 1 基本チェック　2節 文字を使った式の計算　3節 文字を使った式の活用　4節 数量の関係を表す式

15分

教科書のたしかめ　[　]に入るものを答えよう！

2節 文字を使った式の計算　▶ 教 p.84-93　Step 2 ❶-❺

解答欄

□ (1) 式 $3x-\frac{y}{2}$ の項(こう)は $3x$，$-\frac{y}{2}$ で，x，y の係数(けいすう)は3，$\left[-\frac{1}{2}\right]$ である。　(1)

□ (2) $(3x+4)+(2x-1)=[5x+3]$　(2)

□ (3) $(x-3)-(4x-5)=[-3x+2]$　(3)

□ (4) $(-6a)\times(-3)=[18a]$　(4)

□ (5) $(-16x)\div\frac{4}{5}=(-16x)\times\left[\frac{5}{4}\right]=[-20x]$　(5)

□ (6) $(3y-4)\times(-2)=3y\times(-2)-4\times(-2)=[-6y+8]$　(6)

□ (7) $(4x-3)\div6=(4x-3)\times\left[\frac{1}{6}\right]=\left[\frac{2}{3}x-\frac{1}{2}\right]$　(7)

□ (8) $2(2x-5)-3(-4x+3)=4x-10+[12x-9]=[16x-19]$　(8)

3節 文字を使った式の活用　▶ 教 p.94-95　Step 2 ❻

4節 数量の関係を表す式　▶ 教 p.96-98　Step 2 ❼

□ (9) 「時速4kmで x 時間歩き，その後時速5kmで y 時間歩き，10km離れた目的地に着いた。」を等式(とうしき)で表すと，$[4x+5y=10]$　(9)

□ (10) 「整数 a を整数 b でわると商が5で余りが3であった。」を等式で表すと，$[a=5b+3]$　(10)

□ (11) 「1個 x 円のりんごを3個買うと，500円では足りなかった。」を不等式(ふとうしき)で表すと，$[3x>500]$　(11)

□ (12) 「ある数 x の4倍から3をひくと，100より大きくなる。」を不等式で表すと，$[4x-3>100]$　(12)

教科書のまとめ　＿＿に入るものを答えよう！

□ 式 $2x-3$ の，$2x$ と -3 を 項 という。項 $2x$ を1次の項といい，2を x の 係数 という。また，式 $2x-3$ のように，x の1次の項と数の項で表された式を 1次式 という。

□ 等号＝を使って，数量の等しい関係を表した式を 等式 という。

□ 等式で，等号の左側の部分を 左辺，右側の部分を 右辺 といい，両方合わせて 両辺 という。

□ 数量の大小関係を，不等号を使って表した式を 不等式 という。

Step 2 予想問題
2節 文字を使った式の計算
3節 文字を使った式の活用
4節 数量の関係を表す式

1ページ 30分

【項と係数】

1 次の式の項をいいなさい。また，文字の項の係数をいいなさい。

□(1) $\frac{1}{2}x-3$　項（　　　　）係数（　　　　）

□(2) $3x-y+4$　項（　　　　）係数（　　　　）

【1次式の加法，減法①】

よく出る

2 次の計算をしなさい。

□(1) $2a+5a$

□(2) $-3a+6+8a-6$

□(3) $1.5y-2.5-1.4y+4.2$

□(4) $\frac{1}{2}a+\frac{3}{5}-\frac{1}{3}a-\frac{1}{2}$

□(5) $3x+(5x-3)$

□(6) $-4a-(-7a+6)$

□(7) $6x+4-(5x-3)$

□(8) $0.8x-4.8+(-1.7x+6.4)$

【1次式の加法，減法②】

3 次の各組の式の和を求めなさい。また，左の式から右の式をひいた差を求めなさい。

□(1) $7x+3,\ -2x+5$

□(2) $-3a+2,\ -5a-3$

【1次式と数の乗法，除法】

よく出る

4 次の計算をしなさい。

□(1) $3x\times(-5)$

□(2) $(-4a)\times(-1.5)$

□(3) $-4b\div12$

□(4) $12a\div\left(-\frac{4}{5}\right)$

□(5) $(2x+3)\times(-2)$

□(6) $(-32a+16)\div8$

□(7) $12\times\frac{3y-2}{3}$

□(8) $\frac{3x+1}{4}\times(-20)$

ヒント

1

$\frac{1}{2}x-3$を加法だけの式に直すと，

$\frac{1}{2}x+(-3)$

になる。

2

文字の項の計算は，係数どうしを計算すればよい。

(2)～(4)文字の項と数字の項を分けて計算する。

ミスに注意

(5)～(8)で，かっこの前の符号が－のときは，かっこをはずすと，かっこの中の各項の符号は反対になる。

3

左右の式を（　）でくくって，加法や減法の式をつくる。

4

(4)分数でわるときは，その逆数をかける。

(5)(6)分配法則を使って（　）をはずす。

(7)(8)数どうしの計算をしてから分配法則を使って（　）をはずす。

[解答▶p.7-8]

【1次式の加法，減法③】

点UP

❺ 次の計算をしなさい。

□(1) $3(2x+3)+2(-x+1)$　　□(2) $4(4x-3)-3(5x-7)$

□(3) $12\left(-\frac{2}{3}x+\frac{1}{2}\right)-15\left(\frac{2}{3}x-\frac{3}{5}\right)$　　□(4) $\frac{1}{2}(6x-5)+\frac{2}{3}(9x-4)$

【文字を使った式の活用】

❻ 図のように1辺の長さが1cmの正方形を並べて，1番目，2番目，3番目，…と図形を作ります。このとき，n番目の図形の周の長さをnを使った式で答えなさい。
□

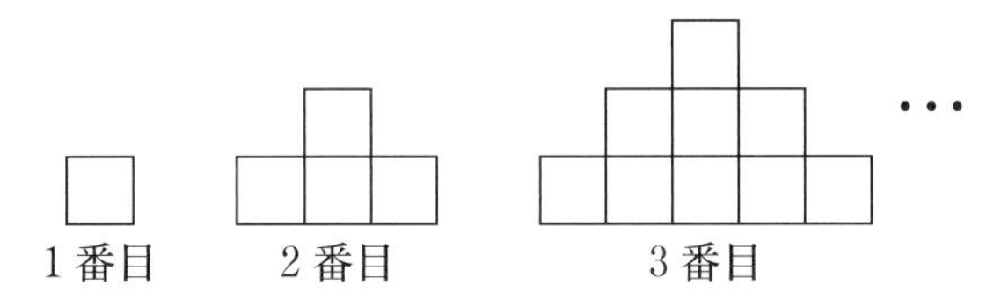

【数量の関係を表す式】

よく出る

❼ 次の数量の関係を等式または不等式で表しなさい。

□(1) 1個a円のショートケーキを2個と1個b円のチーズケーキを3個買うとc円だった。（　　　　）

□(2) ある数学のテストで，男子12人の平均点はa点，女子13人の平均点はb点であり，男女全員の平均点はc点であった。

（　　　　）

□(3) 十の位の数がa，一の位の数がbである2桁の数がある。この数の十の位の数と一の位の数を入れかえると，もとの数より36大きくなった。（　　　　）

□(4) n個のキャンディーを，1人にx個ずつ15人に配っていったら，最後の1人は3個しかもらえなかった。

（　　　　）

□(5) 500ページある本を，毎日xページずつ4日間読んだが，まだ200ページ以上残っている。

（　　　　）

□(6) 10km離れた目的地に行くのに，はじめは分速xmで1時間30分歩いた。その後，分速ymで30分歩いたが，まだ目的地に着かない。（　　　　）

ヒント

❺

分配法則を使ってかっこをはずす。

テスト得ダネ

分配法則を使ってかっこをはずす問題は必ず出題される。かっこの前の数が負の数のときは，かっこをはずすと，かっこ内の数との積は，符号が反対になることに注意する。

❻

1番目，2番目，3番目…と何cmずつ増えているかを調べる。

❼

(2) 合計点÷人数＝平均点

ミスに注意

(3)で，2桁の整数はabとは書かない。

(4) x個もらった人数を考える。

(6) kmをmになおす。

3章

Step 3 予想テスト 3章 文字と式

30分　　／100点　目標 80点

1 次の式を，×，÷の記号を使わないで表しなさい。知　　18点(各3点)

□(1) $a\times(-6)$　　□(2) $(3x+4)\times3$

□(3) $(5x-2)\div4$　　□(4) $a\times a\times a\times(-2)$

□(5) $x\times3\div y$　　□(6) $(a\times2-b)\div3$

2 次の式を，×や÷の記号を使って表しなさい。知　　6点(各3点)

□(1) $3a-\dfrac{b}{3}$　　□(2) x^2-2y

3 次の数量を，文字を使った式で表しなさい。知　　12点(各3点)

□(1) 10 km の道のりを，時速 x km で進んだときにかかる時間

□(2) 定価 a 円の品物を3割引きで買って，1000円出したときのおつり

□(3) 縦が a cm で周の長さが b cm である長方形の横の長さ

□(4) 5でわると商が n で3余る整数

4 $x=-3$，$y=2$ のとき，次の式の値を求めなさい。知　　12点(各3点)

□(1) $12+3x$　　□(2) $-2x^2+5x$　　□(3) $2x+5y$　　□(4) $\dfrac{1}{x}+\dfrac{1}{y}$

5 次の計算をしなさい。知　　24点(各3点)

□(1) $5x-9x$　　□(2) $-2y+4+7y$

□(3) $(8a-5)+(-2a-3)$　　□(4) $(3x-4)-(5x-2)$

□(5) $-5(1.2x-2.4)$　　□(6) $\dfrac{1}{6}(24a-30b)$

□(7) $4(3y-2)-5(2y+3)$　　□(8) $\dfrac{1}{3}(-12a+15)-\dfrac{2}{5}(15a+10)$

❻ 次の数量の関係を等式または不等式で表しなさい。知 考 16点(各4点)

□(1) 底辺が x cm，高さが 15 cm の三角形の面積は y cm^2 である。

□(2) 分速 a m で 30 分歩き，その後分速 b m で 40 分歩くと，全部で c km 進んだ。

□(3) 1 個 x 円のメロンパンを 3 個と 1 個 y 円のあんドーナツを 5 個買うと，代金は 1000 円をこえてしまった。

□(4) x の 2 倍から 3 をひいた数は，y の 5 倍に 10 を加えた数より小さい。

3章

❼ a 個のキャンディーを 15 人の子どもに，1 人につき b 個ずつ配っていきます。これに次のような条件をつけ加えたときの数量の関係を，それぞれ式に表しなさい。知 考 12点(各4点)

□(1) キャンディーは余らなかった。

□(2) キャンディーは 2 個余った。

□(3) キャンディーは余らなかったが，最後の 1 人だけ他の子どもより 1 個少なかった。

❶	(1)	(2)	(3)	
	(4)	(5)	(6)	
❷	(1)		(2)	
❸	(1)		(2)	
	(3)		(4)	
❹	(1)	(2)	(3)	(4)
❺	(1)	(2)	(3)	(4)
	(5)	(6)	(7)	(8)
❻	(1)		(2)	
	(3)		(4)	
❼	(1)		(2)	
	(3)			

❶ ／18点 ❷ ／6点 ❸ ／12点 ❹ ／12点 ❺ ／24点 ❻ ／16点 ❼ ／12点

[解答▶p.9]

Step 1 基本チェック　1節 方程式とその解き方

15分

教科書のたしかめ　[　]に入るものを答えよう！

1節 方程式とその解き方　▶ 教 p.106-116　Step 2 ❶-❻

解答欄

□(1) 次の方程式（ほうていしき）のうち，解（かい）が2であるものは[㋒]である。

㋐ $2x-3=3$　㋑ $3-2x=2$　㋒ $5x+1=11$

□(2) 方程式 $x-5=1$ を解く（と）には，両辺に[5]を加えて，

$x-5+$[5]$=1+$[5]

$x=$[6]

□(3) 方程式 $x+3=1$ を解くには，両辺から[3]をひいて，

$x+3-$[3]$=1-$[3]

$x=$[-2]

□(4) 方程式 $-\frac{1}{3}x=2$ を解くには，両辺に[-3]をかけて，

$-\frac{1}{3}x\times($[-3]$)=2\times($[-3]$)$

$x=$[-6]

□(5) 方程式 $2x=8$ を解くには，両辺を[2]でわって，

$\frac{2x}{[\ 2\ ]}=\frac{8}{[\ 2\ ]}$

$x=$[4]

□(6) 方程式 $-3x+5=11$ を解くには，

まず両辺から[5]をひいて，

$-3x+5-$[5]$=11-$[5]

$-3x=6$

次に両辺を[-3]でわって，

$\frac{-3x}{[\ -3\ ]}=\frac{6}{[\ -3\ ]}$

$x=-2$

□(7) 方程式 $4x=-x+15$ を解くには，

[$-x$]を移項（いこう）して，

$4x+$[x]$=15$

[$5x$]$=15$

$x=$[3]

(1)
(2)
(3)
(4)
(5)
(6)
(7)

教科書のまとめ　＿＿に入るものを答えよう！

□ x の値によって成り立ったり成り立たなかったりする等式を，x についての 方程式 という。

□ 方程式を成り立たせる文字の値を，その方程式の 解 といい，それを求めることを，方程式を 解く という。

□ 等式の性質

・$A=B \Rightarrow A+C=B+C$　・$A=B \Rightarrow A-C=B-C$

・$A=B \Rightarrow AC=BC$　・$A=B \Rightarrow \frac{A}{C}=\frac{B}{C}$　$(C\neq0)$

□ 等式の一方の辺にある項を，その符号を変えて他方の辺に移すことを 移項 するという。

Step 2 予想問題　1節 方程式とその解き方

【方程式の解】

1 次の方程式のうち，$x=-3$ が解であるものはどれですか。

□ ① $9-2x=14$　② $2x-3=3x+1$

③ $5-2x=4x+30$　④ $5x-3=7x+3$　（　　）

【等式の性質】

2 下の等式の性質㋐～㋓を使って，次の方程式の x の値を求めなさい。また，使った等式の性質を記号で答えなさい。

□(1) $x+8=5$　（　　）（　　）

□(2) $x-4=3$　（　　）（　　）

□(3) $\dfrac{x}{6}=-2$　（　　）（　　）

□(4) $12x=48$　（　　）（　　）

等式の性質

$A=B$ ならば

㋐ $A+C=B+C$　㋑ $A-C=B-C$

㋒ $AC=BC$　㋓ $\dfrac{A}{C}=\dfrac{B}{C}$　$(C\neq 0)$

【方程式の解き方】

3 次の方程式を解きなさい。

□(1) $3x-6=9$　□(2) $7-4x=19$

□(3) $4x-3=9x-18$　□(4) $6x+16=2x+72$

□(5) $x-3=-x-4$　□(6) $11-4x=3-6x$

□(7) $5x+3=11x+7$　□(8) $8-3x=14+x$

ヒント

1 $x=-3$ を代入して，左辺と右辺が等しくなるものを選ぶ。

2 等式の性質の使い方をおぼえる。
(3)両辺に6をかける。
(4)両辺を12でわる。

3 文字をふくむ項は左辺に，数の項は右辺に移項する。

4章

［解答▶p.10］

【かっこをふくむ方程式】

よく出る

4 次の方程式を解きなさい。

□(1) $x+2=3(x-2)$　□(2) $6-4(x-3)=-10x$

□(3) $5(x+3)=2x-3$　□(4) $-x-(12-7x)=30$

□(5) $2x+3(2x-11)=7$　□(6) $-3(3-x)=8-2(3x-5)$

ヒント

4 かっこをはずしてから解く。

【小数をふくむ方程式】

よく出る

5 次の方程式を解きなさい。

□(1) $2.4x-2=1.6x+2$　□(2) $1.6x+0.34=2.8x-1.22$

□(3) $1.35x-3=2.1x$　□(4) $2-0.3(16-7x)=0.7x$

□(5) $1.6(0.5x+1.5)=1.4x-0.3$　□(6) $10-1.4x=2-0.3(x+10)$

5 10，100 などを両辺にかけて，係数を整数にしてから計算する。

【分数をふくむ方程式】

よく出る

6 次の方程式を解きなさい。

□(1) $\frac{2}{3}x-2=\frac{1}{2}x$　□(2) $\frac{3}{2}x-3=\frac{1}{4}x-4$

□(3) $\frac{x}{4}-3=\frac{1}{3}-\frac{x}{6}$　□(4) $\frac{x-2}{4}=\frac{x-1}{5}$

□(5) $\frac{x-6}{4}=2x-12$　□(6) $\frac{2x-7}{3}=3-\frac{8-x}{4}$

6 分母の最小公倍数を両辺にかけて，係数を整数にしてから計算する。

テスト得ダネ

方程式の計算は必ず出題される。くり返し練習しておこう。

[解答▶p.10-11]

Step 1 基本チェック　2節 方程式の活用

15分

教科書のたしかめ　[　]に入るものを答えよう！

❶ 方程式の活用　▶ 教 p.117-123　Step 2 ❶-❺

解答欄

□(1) 1個150円のりんご3個と，かき2個で1000円払ったところ，おつりが310円だった。かき1個の値段を求めなさい。

解　かき1個の値段を x 円とすると，

$1000-([\ 150\times3+2x\ ])=310$

これを解くと，$x=[\ 120\ ]$

かき1個の値段を120円とすると，代金の合計は[690]円であり，1000円でおつりが310円になる。したがって，問題に適している。

答[120円]

(1)

□(2) キャンディーを何人かの子どもに配る。1人に6個ずつ配ると4個余り，1人に7個ずつ配ると4個足りなくなる。子どもの人数とキャンディーの個数を求めなさい。

解　子どもの人数を x 人として，キャンディーの個数を2通りの式で表して方程式をつくると，$6x+4=[\ 7x-4\ ]$

これを解くと，$x=[\ 8\ ]$

子どもの人数を8人とすると，キャンディーの個数は，

$6\times8+4=52$，$[\ 7\times8-4\ ]=52$ となり，問題に適する。

答　子ども　[8]人，キャンディー　[52]個

(2)

❷ 比例式とその活用　▶ 教 p.124-126　Step 2 ❻-❾

□(3) 4：6の比(ひ)の値は $\left[\ \frac{2}{3}\ \right]$ である。

(3)

□(4) 比例式(ひれいしき) 2：3＝6：x が成り立つとき，$x=[\ 9\ ]$

(4)

教科書のまとめ　＿＿に入るものを答えよう！

□ 1次方程式を使って問題を解く手順

1 わかっている数量と求める数量を明らかにして，求める数量を 文字 で表す。

2 等しい関係にある数量を見つけて， 方程式 をつくる。

3 方程式 を解く。　4 方程式の 解 が問題に適しているかどうかを確かめる。

□ $a:b$ で表された比において，$\frac{a}{b}$ を $a:b$ の 比の値 という。

□ $a:b$ の比の値と $c:d$ の比の値が等しいとき，2つの比 $a:b$ と $c:d$ は等しいといい，比例式 $a:b=c:d$ で表す。また，$ad=bc$ が成り立つ。

Step 2 予想問題　2節 方程式の活用

1ページ 30分

【方程式の解】

❶ x についての方程式 $5x-3a=10-2x$ の解が $x=4$ であるとき，a の値を求めなさい。 (　　　)

【方程式のつくり方】

❷ クラス会の費用を集めるのに，1人350円ずつ集めると300円不足し，1人400円ずつ集めると800円余ります。次の問いに答えなさい。

□(1) クラスの人数を x 人として，方程式をつくりなさい。 (　　　)

□(2) クラスの人数とクラス会の費用を求めなさい。

クラスの人数 (　　　)　クラス会の費用 (　　　)

□(3) クラス会の費用を x 円とすると，どんな方程式ができますか。 (　　　)

【方程式の活用①】

❸ ある日曜日，妹は部活の練習のために家を8時に出て学校に向かいました。妹が家を出てから10分後に，妹の忘れ物に気づいた兄は自転車で妹を追いかけました。妹の歩く速さを毎分60 m，兄の自転車の速さを毎分260 mとして，次の問いに答えなさい。

□(1) 兄が家を出てから妹に追いつくまでの時間を x 分として，方程式をつくりなさい。 (　　　)

□(2) 兄が妹に追いついた時刻を求めなさい。 (　　　)

□(3) 兄が妹に追いついた地点は，家から何 m のところですか。 (　　　)

【方程式の活用②】

❹ 銅を80 % ふくむ合金Aと，銅を40 % ふくむ合金Bがあります。合金Aと合金Bを混合して，銅を50 % ふくむ合金200 g をつくるには，合金Aと合金Bをそれぞれ何g混合すればよいですか。

合金A (　　　)　合金B (　　　)

ヒント

❶ $x=4$ を代入して，a についての方程式にする。

❷ (1)クラス会の費用を表す式を2つつくり，それらを等号で結ぶ。
(3)クラスの人数を表す式を2つつくり，それらを等号で結ぶ。

テスト得ダネ
この問題のように方程式は何通りもできることが多い。できるだけ，分数の式にならないようにすることがポイント。

❸ (1) 2人が進んだ道のりについての方程式をつくる。兄が追いつくまでに妹は $(x+10)$ 分間歩いている。

❹ 合金Aを x g とすると，合金Bは $(200-x)$ g になる。

[解答▶p.12]

【方程式の活用③】

5 大小2つの数があり，2数の和は32，その差は14です。この2つの数を求めなさい。

大の数（　　　）　小の数（　　　）

【比の値】

6 次の比の値を求めなさい。

□(1) 9：12　□(2) 16：8　□(3) 4.8：3.6

（　　　）（　　　）（　　　）

【比例式】

7 次の比例式で，x の値を求めなさい。

□(1) $3:8=x:24$　□(2) $x:5=16:20$

□(3) $36:48=3:x$　□(4) $\frac{1}{3}:4=x:3$

□(5) $(x+2):12=2:3$　□(6) $1.6:4.8=3:x$

【比例式の活用①】

8 水250 g に食塩50 g を溶かした食塩水があります。ここにまちがえて水を100 g 加えてしまいました。食塩水の濃さをもとと同じにするためには，食塩を何 g 加えればよいですか。

（　　　）

【比例式の活用②】

9 Aの所持金は8000円，Bの所持金は4500円でした。2人はある店で買い物をしましたが，AはBの2倍の金額の買い物をしたので，AとBの所持金の比は5：3になりました。2人の現在の所持金を求めなさい。

A（　　　）　B（　　　）

ヒント

5 小の数を x として方程式をつくる。

6 $a:b$ で表された比で，$\frac{a}{b}$ を比の値という。約分してもっとも簡単な分数にしておく。
(3) $\frac{48}{10}:\frac{36}{10}$ として考える。

7 $a:b=c:d$ のとき，$ad=bc$ が成り立つ。
(5)分配法則を使ってかっこをはずす。

8 水の量：食塩の量の比例式をつくる。

9 Bが使った金額を x 円とする。

4章

Step 3 予想テスト　4章 方程式

30分　／100点　目標 80点

1 次の方程式のうち，解が -3 であるものはどれですか。知　3点

□ ㋐ $2x+5=1$　㋑ $8-3x=15-x$　㋒ $4x+13=2x+7$

2 方程式 $3x-7=11$ を次のように解きました。このとき，①，②の変形で使った等式の性質を，右の中から選び記号で答えなさい。知　5点(完答)

□

$3x-7=11$
↓ ①
$3x=18$
↓ ②
$x=6$

等式の性質

$A=B$ ならば

㋐ $A+C=B+C$　㋑ $A-C=B-C$

㋒ $AC=BC$　㋓ $\frac{A}{C}=\frac{B}{C}$ $(C\neq0)$

3 次の方程式を解きなさい。知　30点(各5点)

□(1) $5x-9=6$　□(2) $-2=12-7y$　□(3) $8x-5=-2x+3$

□(4) $2.3x-4.2=1.1x-0.6$　□(5) $\frac{5y+2}{3}=\frac{7y-2}{5}$　□(6) $3(2x-3)+5=8-2x$

4 次の比例式で，x の値を求めなさい。知　20点(各5点)

□(1) $x:3=12:15$　□(2) $3:8=(x-2):4$

□(3) $2.4:3.2=60:x$　□(4) $\frac{2}{3}:6=4:x$

5 A地点からB地点まで行くのに，分速80 m で歩いたあおいさんは，分速60 m で歩いたみさきさんより10分早く到着しました。方程式をつくり，A地点からB地点までの距離を求めなさい。考　10点(式5点，答5点)

□

　成績評価の観点　知…数量や図形などについての知識・技能　考…数学的な思考・判断・表現

❻ □ ある商品を仕入れて，仕入れ値の3割増しの定価をつけました。しかし，売れなかったので，定価から1000円引きで売ったところ，利益は仕入れ値の1割になりました。方程式をつくり，この商品の仕入れ値を求めなさい。考

10点（式5点，答5点）

❼ A中学校では昨年度の入学者数は，男女合わせて155人でした。今年度の入学者数は，昨年度と比べて，全体では2人増え，男子の人数は8％多く，女子の人数は5％少ないです。これについて，次の問いに答えなさい。知 考

12点（各4点，(3)は完答）

□(1) 昨年度の男子の人数をx人として，方程式をつくりなさい。

□(2) (1)でつくった方程式を解きなさい。

□(3) 今年度の男女の入学者数をそれぞれ求めなさい。

❽ □ 現在，まさとさんは12歳，まさとさんのお父さんは42歳です。2人の年齢の比が2：5になるのは何年後ですか。x年後として比例式をつくり，答えを求めなさい。知 考

10点（式5点，答5点）

❶		❷	①	②
❸	(1)	(2)	(3)	
	(4)	(5)	(6)	
❹	(1)	(2)	(3)	(4)
❺	〔式〕		〔距離〕	
❻	〔式〕		〔仕入れ値〕	
❼	(1)			
	(2)	(3) 〔男〕	〔女〕	
❽	〔式〕		〔答〕	

4章

Step 1 基本チェック　1節 関数　2節 比例

15分

教科書のたしかめ　[　]に入るものを答えよう！

1節 関数　▶ 教 p.134-136　Step 2 ❶❷

解答欄

□(1) 数直線上で下のように表される x の変域（へんいき）を，不等式で表すと，　[$-3<x\leqq 2$]　(1)

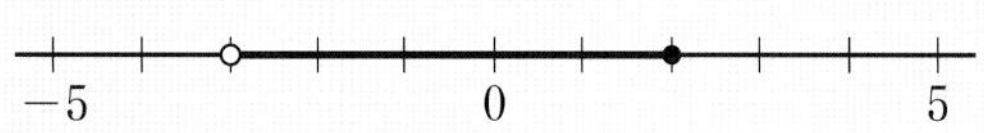

2節 比例　▶ 教 p.137-147　Step 2 ❸-❽

□(2) y は x に比例（ひれい）し，$x=3$ のとき，$y=9$ である。y を x の式で表すと，$y=$[$3x$]　(2)

□(3) 下の㋐～㋓において，y が x に比例するものは[㋒]であり，このとき，比例定数は[$\frac{1}{2}$]である。　(3)

㋐$y=2x-3$　㋑$y=\frac{3}{x}$　㋒$y=\frac{1}{2}x$　㋓$y=5x+1$

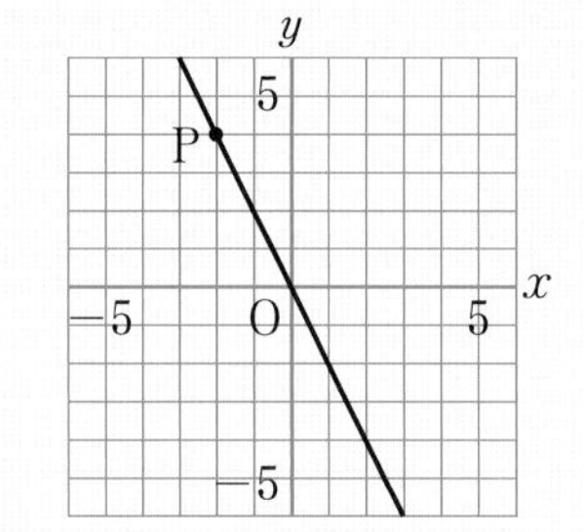

□(4) 右の図において，点Pの座標は[$(-2,\ 4)$]である。　(4)

□(5) 右の図において，点Pと原点Oを通る直線の式は，$y=$[$-2x$]　(5)

□(6) 右の図の直線上の点で，x 座標が5のとき，y 座標は[-10]である。　(6)

□(7) 関数 $y=-\frac{2}{3}x$ において，x の値が3増加すると，y の値は[-2]増加する。　(7)

教科書のまとめ　＿＿に入るものを答えよう！

□いろいろな値をとる文字を 変数 という。2つの変数（へんすう）x，y があって，x の値を決めると，それに対応する y の値がただ1つ決まるとき，y は x の 関数 であるという。

□y が x の関数（かんすう）で，$y=ax$（a は0でない定数）という式で表されるとき，y は x に 比例 するといい，a を 比例定数 という。

□右の図のように，点Oで垂直に交わる2本の数直線をひく。このとき，横の数直線を x 軸（じく），縦の数直線を y 軸といい，両方あわせて 座標 軸という。また，点Oを 原点 という。

□右の図で，点Pの位置は $(1,\ 3)$ と表し，これを点Pの 座標 という。また，1を点Pの x 座標，3を y 座標 という。

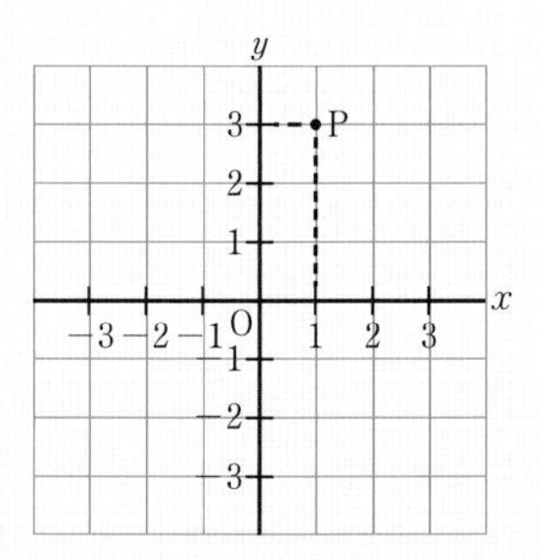

Step 2 予想問題　1節 関数　2節 比例

【関数】

❶ 次の(1)〜(4)で，y が x の関数であるものに○，関数とは言えないものに×を書きなさい。

□(1) 周の長さが x cm である三角形の面積 y cm^2 (　　)

□(2) 時速 60 km で x 時間進んだときの道のり y km (　　)

□(3) x 円の買い物をして，10000 円払ったときのおつり y 円 (　　)

□(4) 身長が x cm の人の体重 y kg (　　)

【変数の変域】

❷ 変数 x が -2 より大きく，4 以下の範囲の値をとるとき，x の変域を，不等式で表しなさい。また，x の変域を下の数直線上に表しなさい。

(　　　　　　　　)

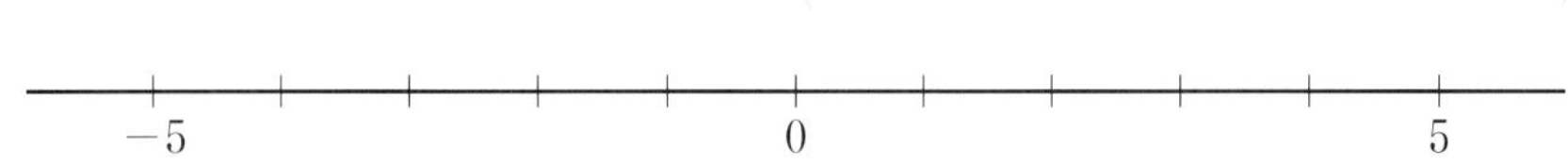

【比例】

❸ y は x に比例し，$x=2$ のとき $y=-\frac{1}{2}$ であるとき，次の問いに答えなさい。

x	-8	-6	-4	-2	0	2	4	6	8
y						$-\frac{1}{2}$			

□(1) 上の表を完成させなさい。

□(2) x の変域が $-8 \leqq x \leqq 6$ であるとき，y の変域を求めなさい。

(　　　　　　　　)

□(3) $y=\frac{3}{4}$ のとき，x の値を求めなさい。(　　)

【比例の式】

❹ y は x に比例し，$x=-2$ のとき $y=3$ です。これについて，次の問いに答えなさい。

□(1) y を x の式で表しなさい。(　　　　　)

□(2) (1)でつくった式について，比例定数をいいなさい。(　　)

□(3) $y=-15$ のとき，x の値を求めなさい。(　　)

□(4) x の変域が $-3 \leqq x \leqq 2$ であるとき，y の変域を求めなさい。

(　　　　　　　　)

ヒント

❶ x の値を決めると，y の値がただ1つ決まるとき，y は x の関数であるという。

❷ 数直線に変域を示すとき，その点をふくむときは黒丸，ふくまないときは白丸で表す。

❸ (1) $-\frac{1}{2}$ が 2 の何倍になるかを考える。
(2) □$\leqq y \leqq$△ の形に書く。

❹ (1) $y=ax$ の式で，x と y の値を代入して，a の値を求める。

5章

【座標】

5 次の問いに答えなさい。

□(1) 右の図の点 A～E の座標を答えなさい。

A (　　,　　)

B (　　,　　)

C (　　,　　)

D (　　,　　)

E (　　,　　)

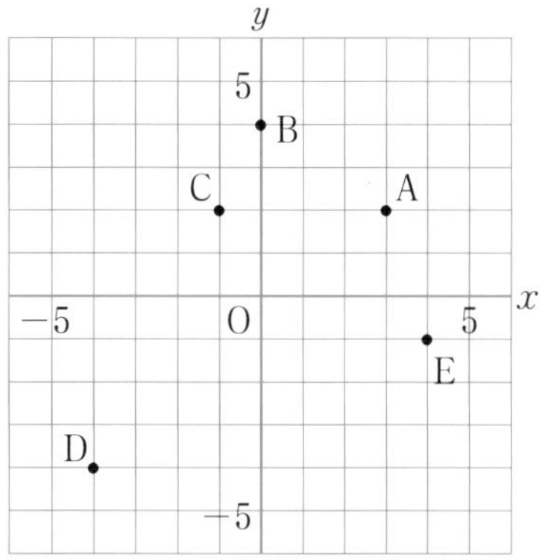

□(2) 右の図に，次の点を示しなさい。

P (−3, −2)　Q (4, 1)　R (2, −3)　S (−5, 4)

【対称な点】

6 点 A (2, −3) に関する次の点の座標を答えなさい。

□(1) x 軸について対称な点 B　B (　　,　　)

□(2) y 軸について対称な点 C　C (　　,　　)

□(3) 原点 O について対称な点 D　D (　　,　　)

【比例のグラフ①】

7 y が x に比例するとき，次の(1)～(3)について，それぞれ y を x の式で表しなさい。

□(1) グラフが点 (2, −4) を通る。(　　　　)

□(2) x の値が 1 増加すると，y の値は 5 増加する。

(　　　　)

□(3) x の値が 6 のとき，y の値は −3 である。

(　　　　)

【比例のグラフ②】

8 次の問いに答えなさい。

□(1) 右の図の直線①～③を表す式をかきなさい。

①(　　　　)

②(　　　　)

③(　　　　)

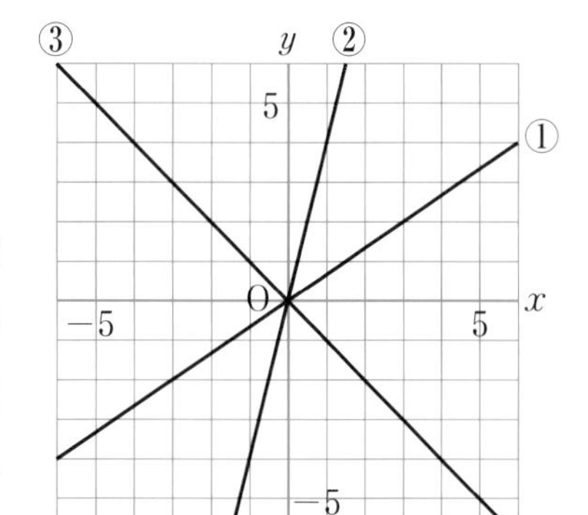

□(2) 次の関数のグラフを右の図にかき入れなさい。

㋐ $y=\frac{1}{2}x$　　㋑ $y=-3x$

ヒント

5

(1)座標は，(x 座標，y 座標)のように x 座標を左に，y 座標を右に書く。

テスト得ダネ

座標の読み取りや，点を座標平面上にかく問題は必ず出題される。

6

(1)線分 AB は x 軸と垂直に交わり，A から x 軸までの距離と，B から x 軸までの距離は等しくなる。

(3)原点が 2 点 A，D の対称の中心になる。

7

(1)$y=ax$ の式に，グラフ上の点を表す x と y の値を代入して，a の値を求める。

(2)点 (1, 5) を通る。

(3)点 (6, −3) を通る。

8

(1)$y=ax$ とおき，直線上の点の座標の値を代入して a の値を求める。

(2)式を満たす点を 1 つ定め，その点と原点を通る直線をひく。

[解答▶p.15-16]

Step 1 基本チェック　3節 反比例 / 4節 比例と反比例の活用

15分

教科書のたしかめ　[ ]に入るものを答えよう！

3節 反比例　▶ 教 p.148-155　Step 2 ❶-❹

解答欄

□(1) 縦 x cm，横 y cm の長方形の面積が 60 cm² であるとき，y を x の式で表すと，$y=$ [$\frac{60}{x}$] であり，y は x に [反比例] する。　(1)

□(2) y は x に反比例（はんぴれい）し，$x=3$ のとき $y=8$ である。このとき，y を x の式で表すと，$y=$ [$\frac{24}{x}$] であり，比例定数は [24] である。　(2)

□(3) y は x に反比例し，$x=-2$ のとき $y=6$ である。$x=3$ のときは，$y=$ [-4] になる。　(3)

□(4) 右の図のような反比例のグラフの式は，$y=$ [$-\frac{8}{x}$] である。
$x=4$ のときは，y の値は [-2] になる。　(4)

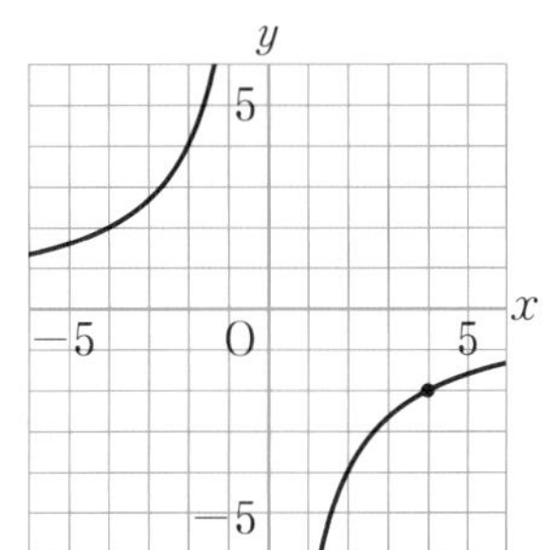

4節 比例と反比例の活用　▶ 教 p.156-161　Step 2 ❺❻

□(5) 50 g のおもりをつるすと 2 cm のびるばねがある。このばねに x g のおもりをつるしたときの，ばねののびを y cm とすると，$y=$ [$\frac{1}{25}x$] である。　(5)

□(6) 歯数が 40 の歯車 A と歯数が 60 の歯車 B がかみ合っている。歯車 A が 30 回転すると，歯車 B は [20] 回転する。　(6)

教科書のまとめ　＿＿に入るものを答えよう！

□ y が x の関数で，$y=\frac{a}{x}$（a は 0 でない定数）という式で表されるとき，y は x に 反比例 するといい，a を 比例定数 という。

□関数 $y=\frac{a}{x}$ のグラフは，原点について対称な 双曲線 である。

□関数 $y=\frac{a}{x}$ のグラフは，$x>0$，$x<0$ のそれぞれの変域で，

① $a>0$ のとき，x が増加すると，y は 減少 する。

② $a<0$ のとき，x が増加すると，y は 増加 する。

Step 2 予想問題 3節 反比例 4節 比例と反比例の活用

1ページ 30分

【関数と反比例】

よく出る

1 次の(1)～(4)について，y を x の式で表しなさい。また，y が x に反比例するものは○を書きなさい。

□(1) 1辺の長さが x cm の正方形の面積 y cm^2

(　　　) (　　　)

□(2) 3000 m の道のりを分速 x m で進むときにかかる時間 y 分

(　　　) (　　　)

□(3) 上底が x cm，下底が 10 cm，高さが 10 cm の台形の面積 y cm^2

(　　　) (　　　)

□(4) 歯数 20 の歯車 A に歯数 30 の歯車 B がかみ合っている。歯車 A が x 回転するときの歯車 B の回転数 y

(　　　) (　　　)

ヒント

1
反比例の式は
$y=\dfrac{a}{x}$ の形になる。
(2)(道のり)÷(速さ)
＝(時間)
(3)(台形の面積)
＝{(上底)＋(下底)}
×(高さ)÷2
(4) 2つの歯車の，それぞれの(歯数)×(回転数)は等しい。

【比例と反比例】

2 下の㋐～㋓の表について，次の問いに答えなさい。

㋐

x	…	-3	-2	-1	0	1	2	3	…
y	…	15	14	13	12	11	10	9	…

㋑

x	…	-3	-2	-1	0	1	2	3	…
y	…	8	12	24	／	-24	-12	-8	…

㋒

x	…	-3	-2	-1	0	1	2	3	…
y	…	-9	-6	-3	0	3	6	9	…

㋓

x	…	-3	-2	-1	0	1	2	3	…
y	…	-2	0	2	4	6	8	10	…

□(1) y が x に比例するものを選び，y を x の式で表しなさい。

(　　　) (　　　)

□(2) y が x に反比例するものを選び，y を x の式で表しなさい。

(　　　) (　　　)

2

テスト得ダネ

表から，比例や反比例の関係にあるものを選び，式をつくる問題はよく出題される。積 xy が一定であるものが反比例の関係，商 $\dfrac{y}{x}$ が一定（0による割り算は除く）のものが比例の関係であることに注目する。

【反比例】

よく出る

3 y は x に反比例し，$x=12$ のとき $y=-3$ です。次の問いに答えなさい。

□(1) y を x の式で表しなさい。 (　　　)

□(2) $x=-72$ のとき，y の値を求めなさい。 (　　　)

3
(1) $y=\dfrac{a}{x}$ とおいて，x と y の値を代入し，a の値を求める。

[解答▶p.17]

【反比例のグラフ】

よく出る

❹ 右の図は反比例のグラフです。次の問いに答えなさい。

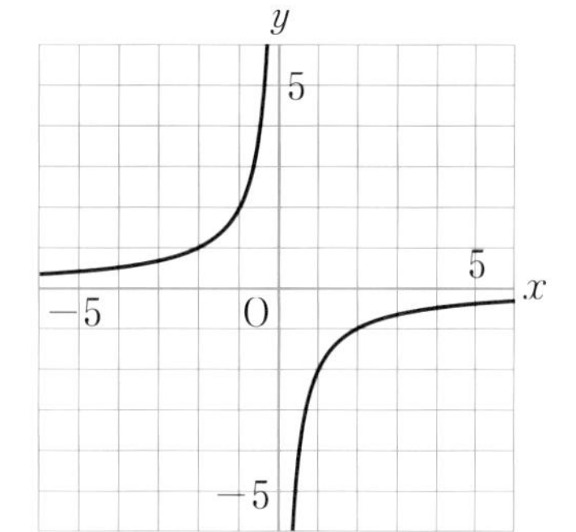

□(1) y を x の式で表しなさい。

(　　　　　)

□(2) y 座標が 12 の点の座標を求めなさい。

(　　　　　)

ヒント

❹

反比例のグラフは双曲線になる。

(1) $y=\frac{a}{x}$ とおく。

x 座標，y 座標がともに整数となる点を選び，a の値を求める。

【反比例の活用】

点UP

❺ 毎分 12 L ずつ水を入れると 20 分で満水になる水そうがあります。これについて，次の問いに答えなさい。

□(1) この水そうに毎分 x L ずつ水を入れて，満水になるまで y 分かかるとき，y を x の式で表しなさい。

(　　　　　)

□(2) この水そうを 15 分で満水にするには，毎分何 L ずつ水を入れればよいですか。

(　　　　　)

❺

水そうの容積を求めておく。

(2) x と y の積は一定になる。

5章

【グラフの活用】

❻ ゆうきさんとてつやさんは，A 地点を同時に出発して 1800 m 離れた B 地点に向かいました。右の図は，出発してから x 分後の A 地点からの道のりを y m として，2 人の進んだようすについて，x の変域が $0 \leqq x \leqq 10$ の部分だけグラフに表したものです。これについて，次の問いに答えなさい。

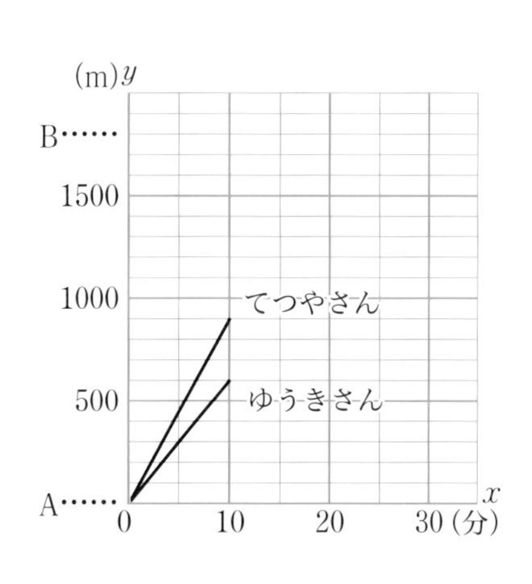

□(1) $x \geqq 10$ について，2 人が B 地点に到着するまでのようすを表すグラフをかき入れなさい。

□(2) ゆうきさんが A 地点を出発してから x 分間に進んだ道のりを y m とするとき，y を x の式で表しなさい。(　　　　　)

□(3) (2)でつくった式において，x と y の変域をそれぞれ求めなさい。

x の変域(　　　　　)　y の変域(　　　　　)

□(4) てつやさんが B 地点に到着したとき，2 人は何 m 離れていますか。

(　　　　　)

❻

(1) かかれているグラフの続きを，それぞれ B 地点まで直線で結べばよい。

(4) てつやさんが B 地点に到着したときゆうきさんは A 地点から何 m の地点にいるかをグラフから読みとる。

テスト得ダネ

グラフの読みとりは出題頻度が高い。x 座標，y 座標がともに整数になる点に着目しよう。

Step 3 予想テスト

5章 比例と反比例

30分

/100点
目標 80点

1 次の(1)〜(5)について，y を x の式で表しなさい。また，y が x に比例するときには○を，y が x に反比例するときには×を，そのどちらでもないときには△を書きなさい。知

20点(各4点)

□(1) 容積が 200 L の水そうに毎分 x L ずつ水を入れたら，満水にするのに y 分かかった。

□(2) 200 km の道のりのうち x km 進むと，残りの道のりは y km である。

□(3) 長さ 5 m のリボンを x 等分すると，1 本の長さは y cm である。

□(4) 底辺が x cm，高さが 10 cm の三角形の面積は y cm^2

□(5) 1個 250 円のショートケーキ x 個の代金に，50 円の包装代(ほうそうだい)を合わせて y 円支払った。

2 次の(1)〜(4)において，y を x の式で表しなさい。知

16点(各4点)

□(1) y は x に比例し，$x=-2$ のとき $y=3$ である。

□(2) y は x に比例し，そのグラフは点 (4，12) を通る。

□(3) y は x に反比例し，$x=-2$ のとき $y=3$ である。

□(4) y は x に反比例し，そのグラフは点 (4，12) を通る。

3 右の図は，比例や反比例のグラフである。①〜④について，y を x の式で表しなさい。知

□

16点(各4点)

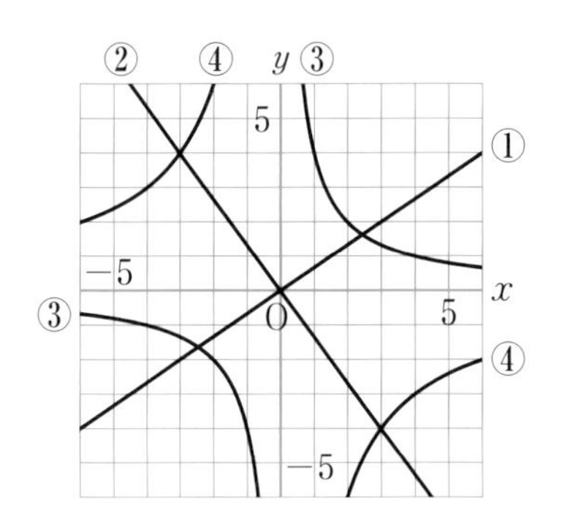

4 関数 $y=\dfrac{12}{x}$ について，次の問いに答えなさい。知

12点(各6点)

□(1) x の変域が $2 \leqq x \leqq 6$ のとき，y の変域を求めなさい。

□(2) x の値が増加すると，y の値は増加しますか，それとも減少しますか。

成績評価の観点 知…数量や図形などについての知識・技能 考…数学的な思考・判断・表現

5 1日に20人働くと30日で終わる仕事があります。1人の仕事の量は同じであるものとして，次の問いに答えなさい。知

12点(各6点)

□(1) この仕事を1日x人が働いてかかる日数をy日とするとき，yをxの式で表しなさい。

□(2) この仕事を12日で終わらせるには，毎日何人働けばよいですか。

6 右の図の直角三角形ABCは，BC＝12 cm，CA＝18 cm です。点Pは，辺BC上を秒速2 cmで，点Bから点Cまで動きます。x秒後の三角形ABPの面積をy cm^{2}として，次の問いに答えなさい。知

24点(各8点)

□(1) yをxの式で表しなさい。

□(2) x，yの変域をそれぞれ求めなさい。

□(3) 三角形ABPの面積が63 cm^{2}になるのは何秒後ですか。

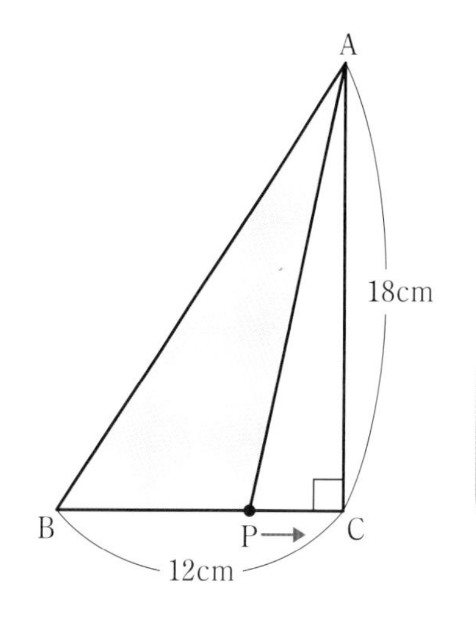

1	(1)	(2)
	(3)	(4)
	(5)	
2	(1)	(2)
	(3)	(4)
3	①	②
	③	④
4	(1)	(2)
5	(1)	(2) 人
6	(1)	
	(2) xの変域	yの変域
	(3) 秒後	

1 ／20点 **2** ／16点 **3** ／16点 **4** ／12点 **5** ／12点 **6** ／24点

［解答▶p.19］

Step 1 基本チェック　1節 平面図形の基礎　2節 作図

15分

教科書のたしかめ　[　]に入るものを答えよう！

1節 平面図形の基礎　▶ 教 p.170-176　Step 2 ❶-❺

解答欄

□(1) 右の図で，四角形ABCDは台形である。辺ADと辺BCが平行であることを，記号を使って表すと[AD∥BC]であり，辺ABと辺BCが垂直であることを，記号を使って表すと[AB⊥BC]である。
また，アの角を，記号を使って表すと[∠BCD]である。

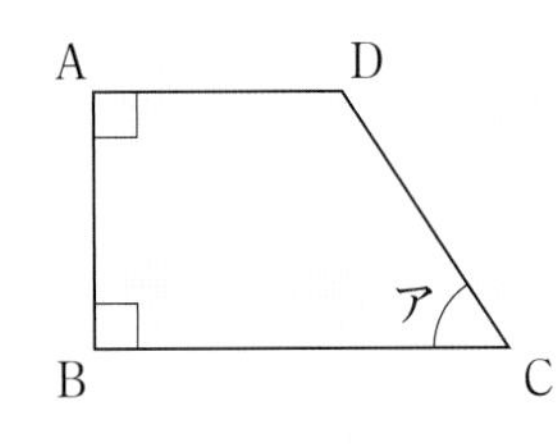

(1)

□(2) 右の図で，4点A，B，C，Dは，円周を4等分した点である。
Aから Bの間の，円周の一部分を[弧]といい，記号では[$\overset{\frown}{AB}$]と表す。
円周上の2点を結ぶ線分を[弦]という。
$\overset{\frown}{CD}$ に対する中心角は[90]度である。

(2)

2節 作図　▶ 教 p.177-187　Step 2 ❻-⓬

□(3) 右の線分ABの垂直二等分線をひくには，点[A]，[B]を中心として，[等しい]半径の円を交わるようにかく。その交点(こうてん)をP，Qとし，直線PQをひく。

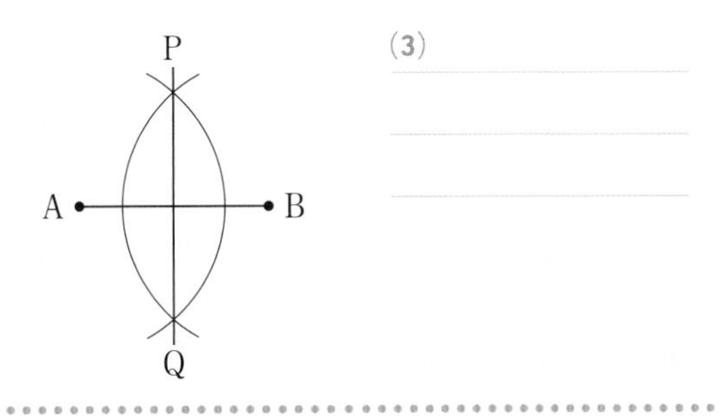

(3)

教科書のまとめ　＿に入るものを答えよう！

□両方向に限りなくのびているまっすぐな線を 直線 という。直線上の2点A，Bを両端とするものを 線分AB，点Aから点Bの方向に限りなくのばしたものを 半直線AB という。
□線分ABの長さを，2点A，B間の 距離 という。
□直線ABと直線CDが，平行であることをAB ∥ CD，垂直であることをAB ⊥ CDで表す。
□円周の一部分を 弧 という。円周上の2点を結ぶ線分を 弦 という。
□円と直線が1点だけを共有するとき，この直線を円の 接線，接する点を 接点 という。

Step 2 予想問題　1節 平面図形の基礎　2節 作図

1ページ 30分

【直線】

❶ 右のような図に，次の(1)，(2)の直線をひきます。直線はそれぞれ何本ひけますか。

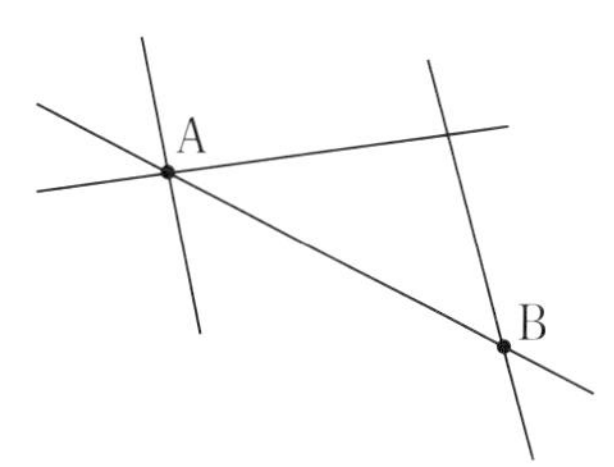

□(1) 点 A を通る直線

(　　　　　)

□(2) 2 点 A，B を通る直線

(　　　　　)

ヒント

❶ 1 点を通る直線は何本も考えられるが，2 点を通る直線は？

【角の表し方】

よく出る

❷ 下の図に示した角を，記号を使って表しなさい。

□(1)

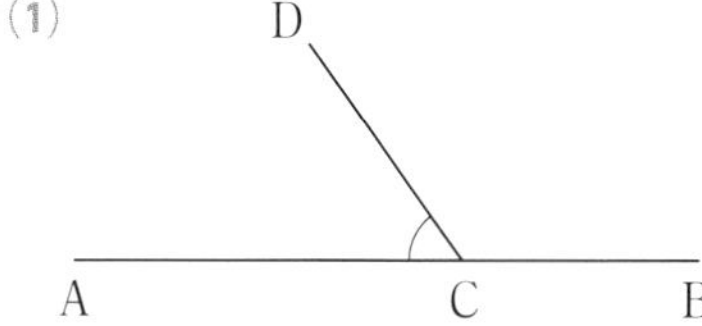

□(2)

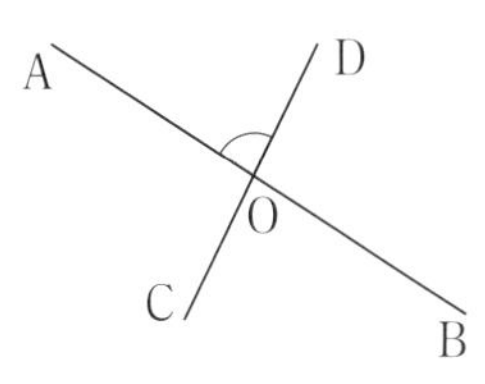

(　　　　　)　(　　　　　)

❷ 角を表すには，頂点をはさむようにして表す。(1)の頂点は C，(2)の頂点は O。

【平行線】

❸ 右の図の台形で，平行な線分を，記号 // を使って表しなさい。

□

(　　　　　)

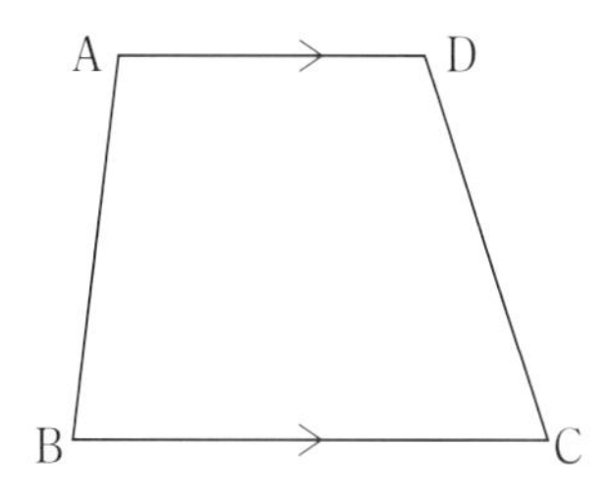

❸ 台形は 1 組の対辺が平行な四角形。
この台形では，辺 AD と辺 BC が平行である。

【2 点間の距離】

❹ 右の図で，2 点 A，B 間の距離を表しているものを，㋐～㋓の中から選びなさい。

□

(　　　　　)

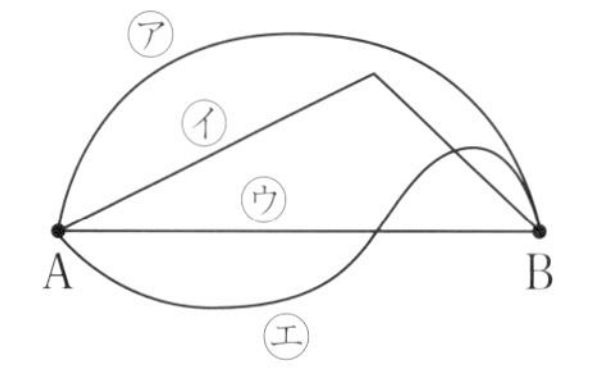

❹ 2 点間の距離は 2 点を結ぶ線分の長さになる。

【弧と弦】

❺ 弦 AB が直径のとき，$\overset{\frown}{AB}$ に対する中心角は何度ですか。

□

(　　　　　)

❺ 図をかいて考えてみよう。

6章

【基本的な作図】

❻ 次の図形をそれぞれ作図しなさい。

□(1) 線分 AB の垂直二等分線　□(2) ∠AOB の二等分線

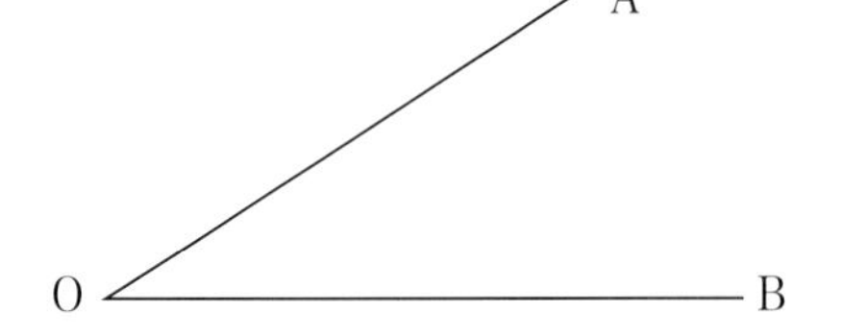

□(3) 点 P を通る直線 ℓ の垂線　□(4) 2 本の平行線 ℓ，m の距離を表す線分 AB

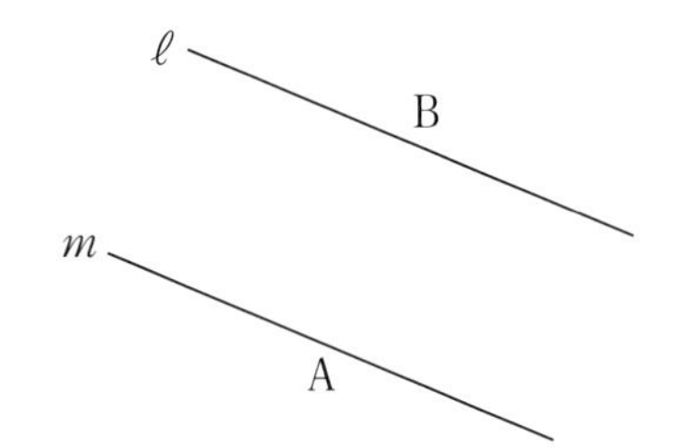

ℓ　P

ヒント

❻
(1) A，B を中心とする同じ半径の円の交点を求める。
(2) まず，O を中心とする円と，半直線 OA，OB との交点を求める。
(3) まず，直線 ℓ 上に PA＝PB となる点 A，B をとる。
(4) m または ℓ 上の 1 点から垂線をひく。

ミスに注意
作図のときには，コンパスで印をつけた線などは消さない。

【線分の垂線二等分線】

よく出る

❼ 右の図で，円の中心 O を作図しなさい。
□

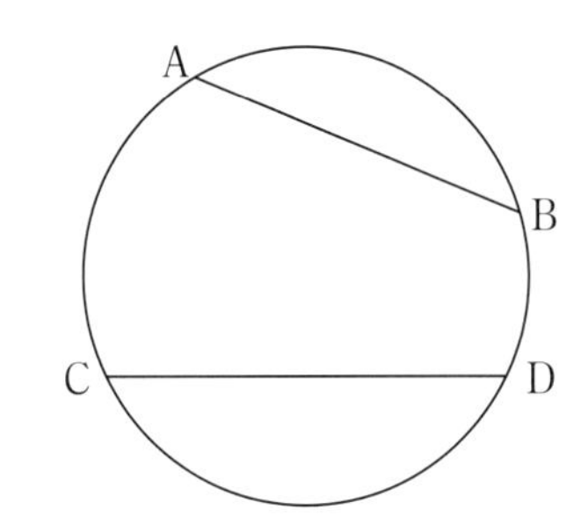

❼
線分 AB，CD の垂直二等分線を作図する。

【角の二等分線，垂線の利用】

❽ 定規とコンパスだけを使って，次の直線を作図しなさい。

□(1) ∠AOB＝45° となるような直線 OB　□(2) 点 P を通る円 O の接線

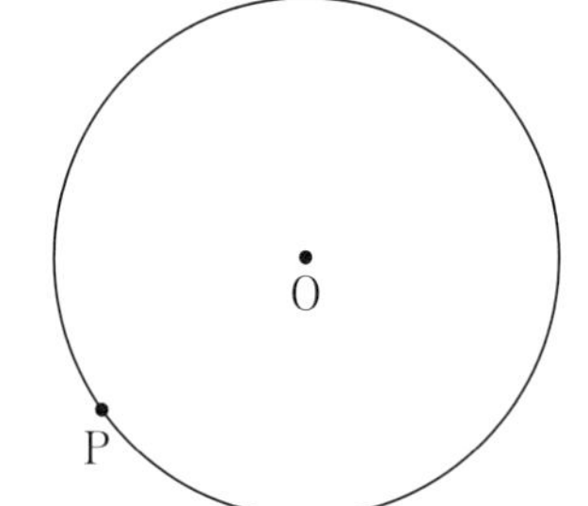

❽
(1) まず，∠AOC＝90° となる線分 OC を作図する。
(2) まず直線 OP をひき，点 P を通る垂線を作図する。

[解答▶p.20-21]

【円，垂直二等分線の利用】

9 □ 右の図のように，点Oを中心とした半径5cmの円と，2点A，Bがある。点Oから5cm離れていて，2点A，Bからの距離が等しい2つの点P，Qを作図しなさい。

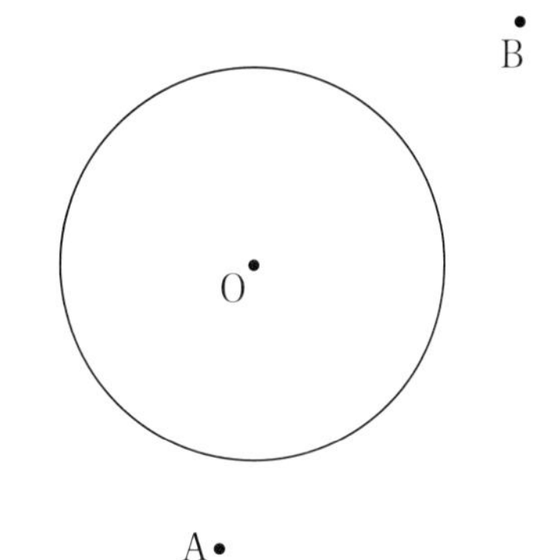

【垂直二等分線の利用】

よく出る　点UP

10 □ 下の図に，直線ℓ上にあって，AP＋PBの長さが最も短い点Pを作図しなさい。

【角の二等分線の利用】

点UP

11 □ 右の図で，2つの直線ℓ，mから等しい距離にある点をすべて求めたとき，えがかれる線を作図しなさい。

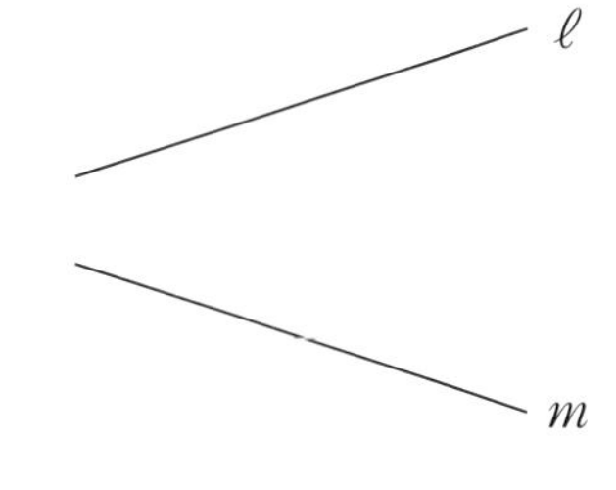

【条件を満たす図形】

12 □ 下の図で，△ABCの3つの頂点A，B，Cから等距離にある点P，△DEFの3つの辺から等距離にある点Qを作図しなさい。

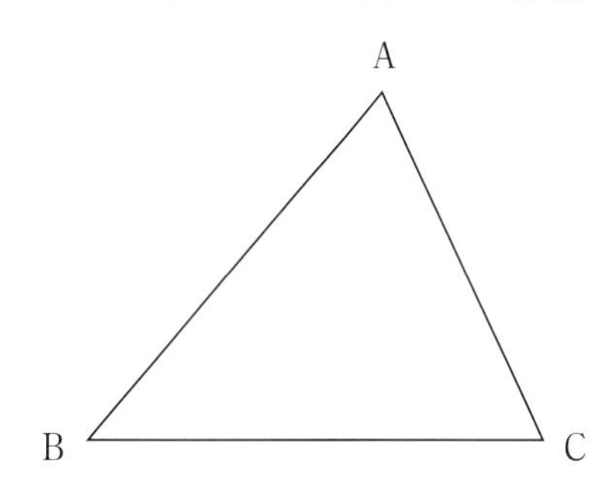

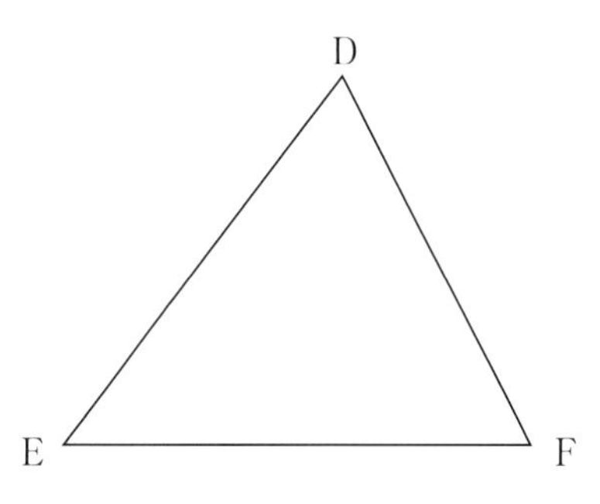

ヒント

9
線分ABの垂直二等分線と円との交点を求める。

10
点Aと直線ℓについて対称な点をとって考える。

テスト得ダネ
作図の問題は必ず出題される。かき慣れておくことと，なぜそう作図すればよいのかをよく理解しておくこと。

11
直線ℓ，mの交点Oをとって考える。

12
点Pは，まず2点A，Bから等距離にあるので，線分ABの垂直二等分線をひく。点Qは2辺DE，EFから等距離にあるので，∠DEFの二等分線をひく。

6章

Step 1 基本チェック　3節 図形の移動

15分

教科書のたしかめ　[　]に入るものを答えよう！

3節 図形の移動

▶ 教 p.188-192　Step 2 ❶-❸

解答欄

□(1) 右の図で，△A′B′C′ は △ABC を平行移動したものである。このとき，AA′＝BB′＝CC′，AA′[//]BB′[//]CC′ が成り立つ。

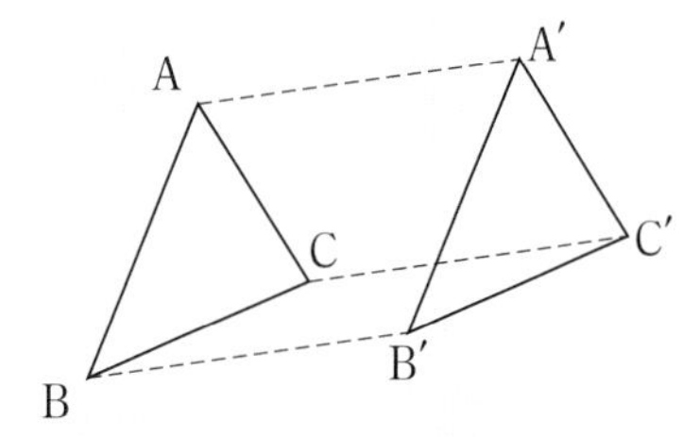

(1)

□(2) 右の図で，△A′B′C′ は △ABC を点 O を中心にして回転移動したものである。このとき，OA＝[OA′]，OB＝OB′，OC＝OC′，∠AOA′[＝]∠BOB′＝∠COC′ が成り立つ。

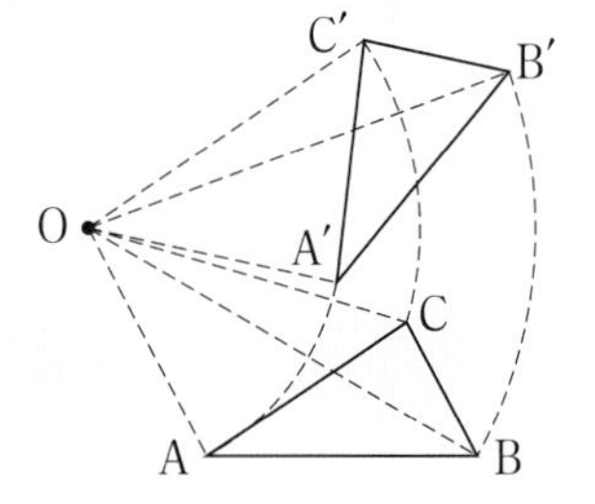

(2)

□(3) 回転移動の中で，とくに回転の角が[180°]であるときは，点対称移動という。

(3)

□(4) 右の図で，△A′B′C′ は △ABC を直線 ℓ を対称の軸として，対称移動したものである。このとき，直線 ℓ は線分 AA′ の[垂直二等分線]になる。

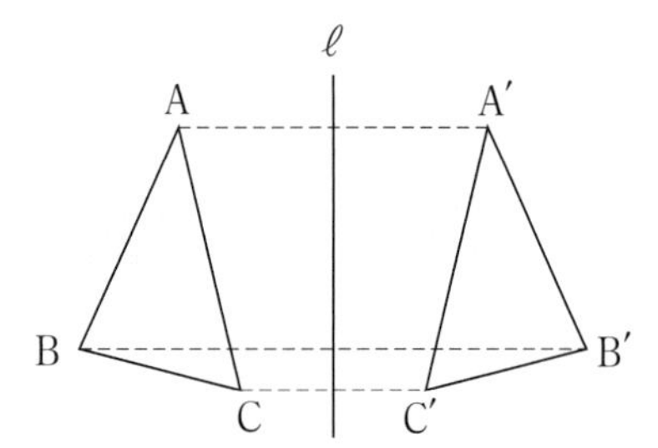

(4)

教科書のまとめ　＿＿に入るものを答えよう！

□平面上で，形と大きさを変えずに，他の位置に移すことを，図形の 移動 という。

□一定の方向に，一定の距離だけ図形をずらすことを 平行移動 という。

□ 1つの点を中心として，一定の角度だけ図形を回転することを 回転移動 といい，中心とした点を 回転の中心 という。とくに，180° の回転移動を 点対称移動 という。

□ 1つの直線を折り目として，図形を折り返すことを 対称移動 といい，折り目とした直線を 対称の軸 という。対称の軸は，対応する 2 点を結ぶ線分の 垂直二等分線 になる。

Step 2 予想問題　3節 図形の移動

【回転移動】

よく出る

1 右の△ABCを，Cを中心として矢印の向きに90°回転移動した△A′B′C′をかきなさい。

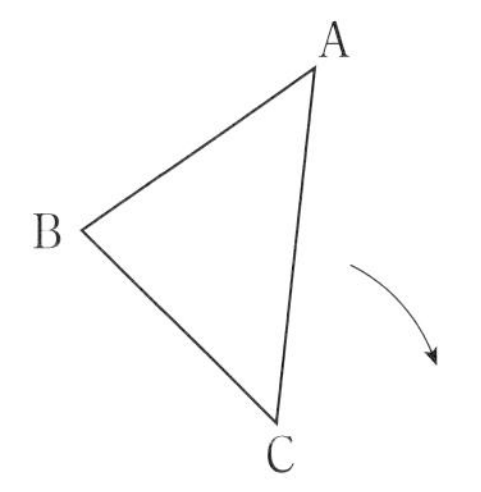

【対称移動】

2 半径の等しい2つの円O，O′が同じ平面上にあります。
対称移動で重ねるには，対称の軸をどこにきめるとよいか答えなさい。

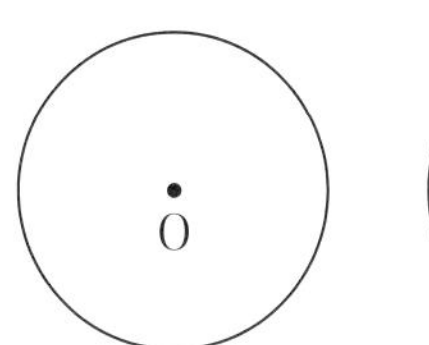

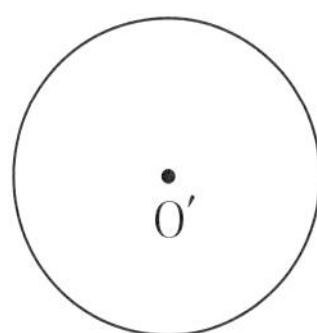

(　　　　　　　　)

【いろいろな移動】

3 正方形ABCDの対角線の交点Oを通る線分を，右の図のようにひくと，合同な8つの直角二等辺三角形ができます。このとき，次の問いにあてはまるものを答えなさい。

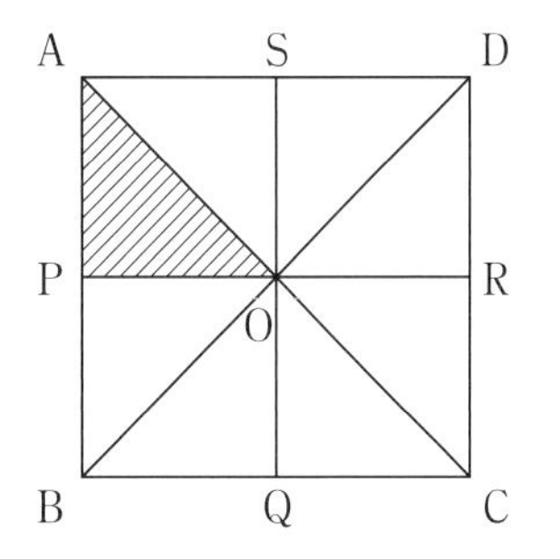

(1) △OAPを平行移動すると重なる三角形

(　　　　　　　　)

(2) △OAPを，SQを対称の軸として対称移動すると重なる三角形

(　　　　　　　　)

(3) △OAPを，点Oを回転の中心とした回転移動によって重なる三角形

(　　　　　　　　)

(4) △OAPを，点Oを回転の中心として，時計の針の回転と同じ向きに90°回転移動し，さらに平行移動すると重なる三角形

(　　　　　　　　)

ヒント

1
回転移動については，
・回転の中心は，対応する2点から等しい距離にある。
・対応する2点と回転の中心を結んでできる角はすべて等しい。

2
対称移動については，対称の軸は，対応する2点を結ぶ線分の垂直二等分線である。

3
平行移動，回転移動，対称移動の3つを組み合わせると，図形をいろいろな位置に移すことができる。

テスト得ダネ
平面図形では，3つの移動についての問題は必ず出題される。

Step 1 基本チェック　4節 円とおうぎ形の計量

15分

教科書のたしかめ　[　]に入るものを答えよう！

4節 円とおうぎ形の計量

▶ 教 p.193-198　Step 2 ❶-❹

解答欄

□(1) 半径が 6 cm の円の周の長さは[12π]cm であり，面積は[36π]cm^2 である。

(1)

□(2) 同じ半径のおうぎ形(がた)㋐，㋑，㋒において，中心角はそれぞれ，120°，60°，30° である。
このとき，おうぎ形㋐の弧の長さは，おうぎ形㋑の弧の長さの[2]倍であり，おうぎ形㋒の面積は，おうぎ形㋐の面積の$\left[\dfrac{1}{4}\right]$倍である。

(2)

□(3) 右の図のおうぎ形において，
弧の長さは，$2\pi\times12\times\left[\dfrac{150}{360}\right]=[\ 10\pi\ ]$(cm)
である。
面積は，$\pi\times12^2\times\left[\dfrac{150}{360}\right]=[\ 60\pi\ ]$($\text{cm}^2$)
である。

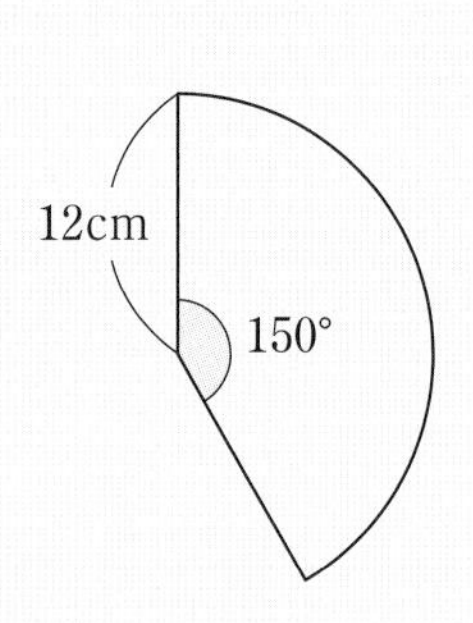

(3)

□(4) 右の図のおうぎ形において，
弧の長さは 6πcm である。
中心角を a° とおくと，

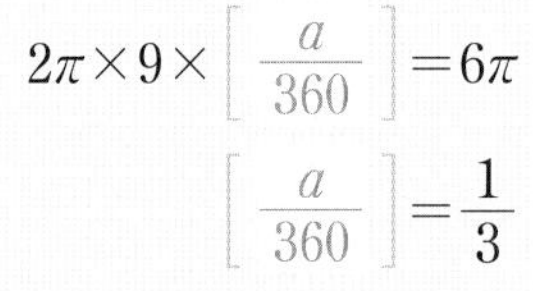

$2\pi\times9\times\left[\dfrac{a}{360}\right]=6\pi$

$\left[\dfrac{a}{360}\right]=\dfrac{1}{3}$

これから，$a=$[120]
したがって，中心角は，[120°]

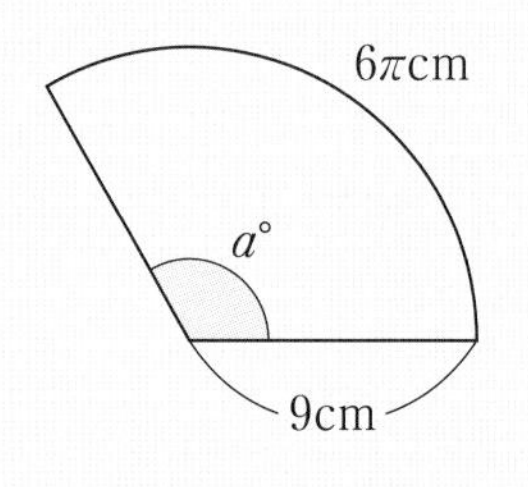

(4)

教科書のまとめ　＿＿に入るものを答えよう！

□円周の直径に対する割合を円周率といい，ギリシャ文字 π を使って表す。

□半径 r の円において，周の長さは $2\pi r$ であり，面積は πr^2 である。

□半径 r，中心角 a° のおうぎ形では，弧の長さは $2\pi r\times\dfrac{a}{360}$ である。

□半径 r，中心角 a° のおうぎ形では，面積は $\pi r^2\times\dfrac{a}{360}$ である。

Step 2 予想問題

4節 円とおうぎ形の計量

1ページ 30分

【円の周の長さと面積】

❶ 右の図のような円の周の長さと面積を求めなさい。

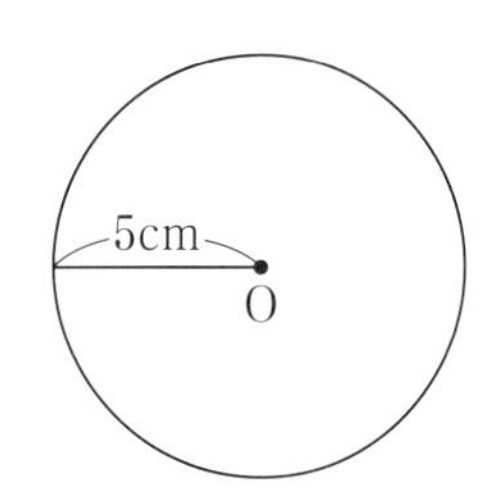

□(1) 周の長さ　(　　　　)

□(2) 面積　(　　　　)

【おうぎ形の面積と円の面積】

❷ 下の図のおうぎ形の面積は，同じ半径の円の面積の何倍かを求めなさい。

□(1)

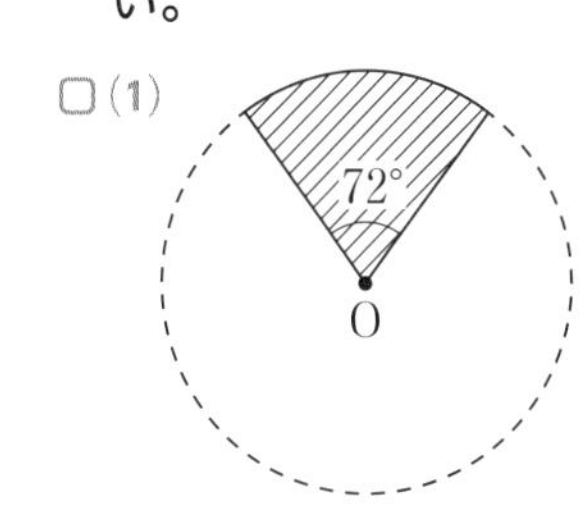

□(2)

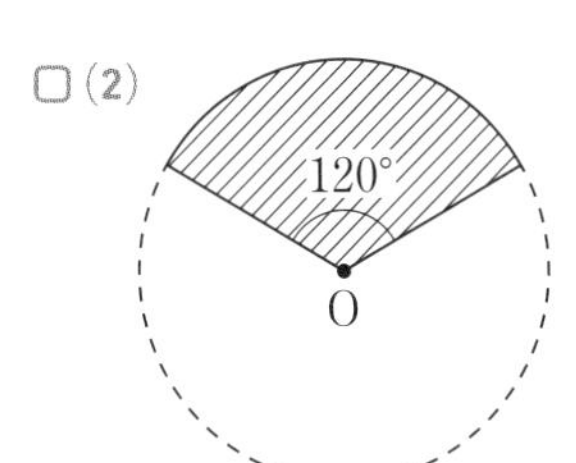

□(3)

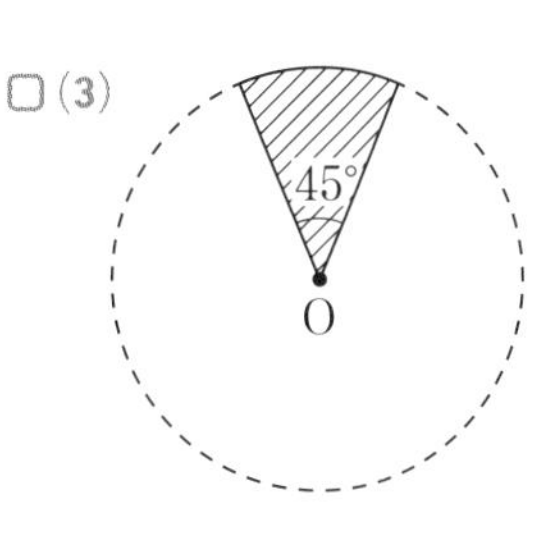

(　　　　)　(　　　　)　(　　　　)

【おうぎ形の弧の長さと面積】

よく出る

❸ 次のようなおうぎ形の弧の長さと面積を求めなさい。

□(1)

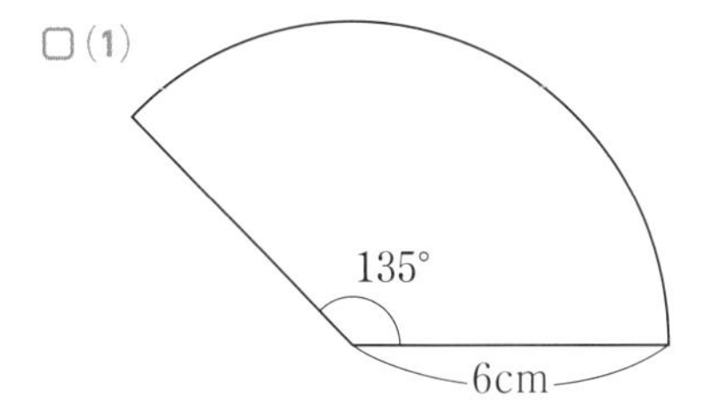

弧の長さ (　　　　)

面積 (　　　　)

□(2)

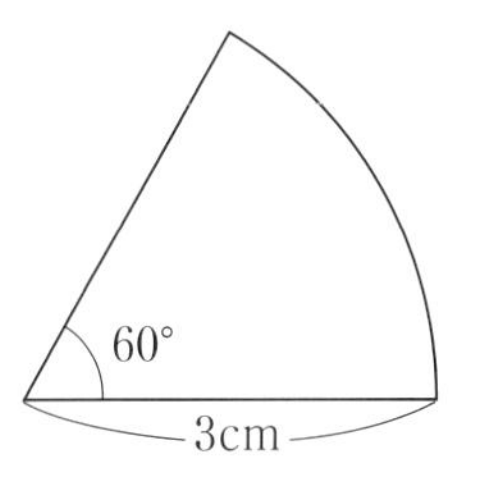

弧の長さ (　　　　)

面積 (　　　　)

【おうぎ形の弧の長さと中心角】

点UP

❹ □ 半径 6 cm，弧の長さ 8π cm のおうぎ形があります。このおうぎ形の中心角の大きさを求めなさい。

(　　　　)

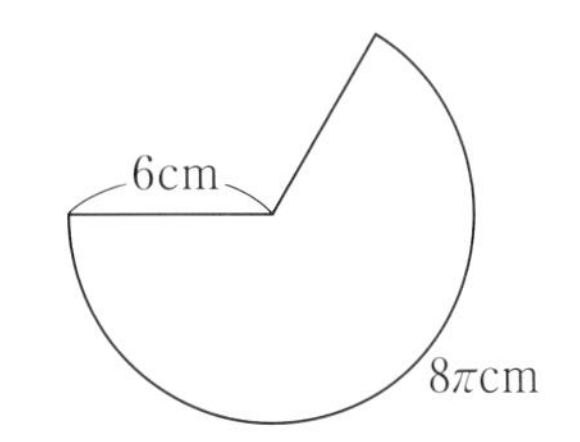

ヒント

❶
半径が r の円の周の長さを ℓ，面積を S とすると，

$\ell=2\pi r$

$S=\pi r^2$

ミスに注意
円周率は π を使うこと。

❷
おうぎ形の弧の長さや面積は中心角に比例する。

❸
半径が r のおうぎ形の弧の長さ ℓ と面積 S は，中心角を $a°$ として，

$\ell=2\pi r\times\dfrac{a}{360}$

$S=\pi r^2\times\dfrac{a}{360}$

❹
おうぎ形の中心角を $a°$ として考えると，

$2\pi\times6\times\dfrac{a}{360}=8\pi$

となる。

6章

Step 3 予想テスト　6章 平面図形

30分　／100点　目標 80点

1 右の図は，円を利用して正八角形をかいている途中です。次の問いに答えなさい。知 考　20点(各5点，(3)は完答)

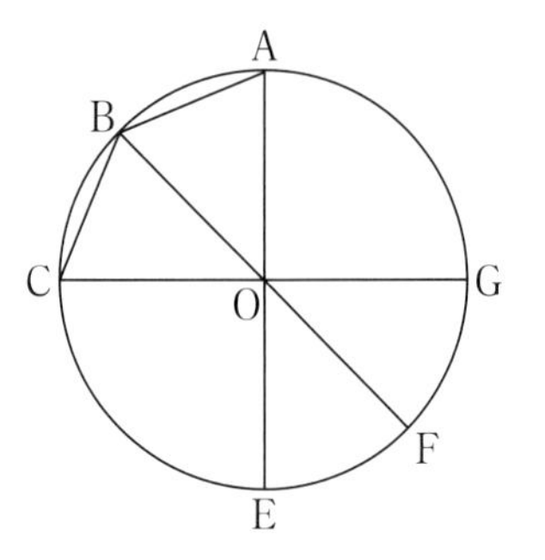

□(1) 図のA，Bを両端とするまっすぐな線分を何といいますか。

□(2) A，Bを両端とする円周の一部分を何といいますか。

□(3) 角COBを記号を使って表しなさい。また，大きさを求めなさい。

□(4) 残りの頂点DとHを入れて，正八角形ABCDEFGHを完成させなさい。

2 右の図のように，2点A，Bと直線ℓがあります。直線ℓ上にあって，2点A，Bからの距離が等しい点Pを，作図しなさい。なお，作図に用いた線は消さずに残しておくこと。知 考　10点

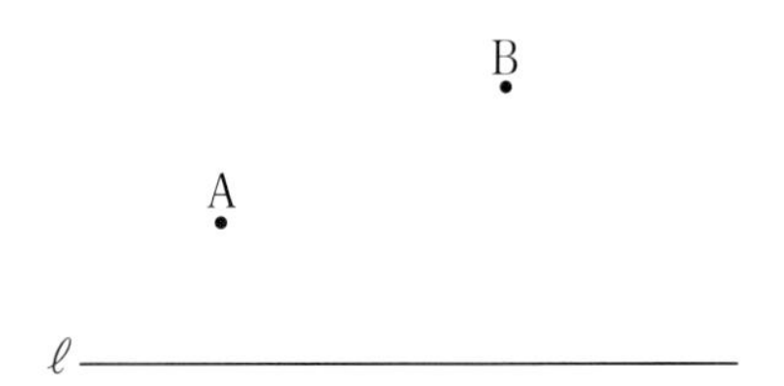

3 30°の角を作図しなさい。なお，作図に用いた線は消さずに残しておくこと。知　10点

4 右の図形を，PQにつけた矢印の方向に線分PQの長さだけ平行移動させなさい。知　10点

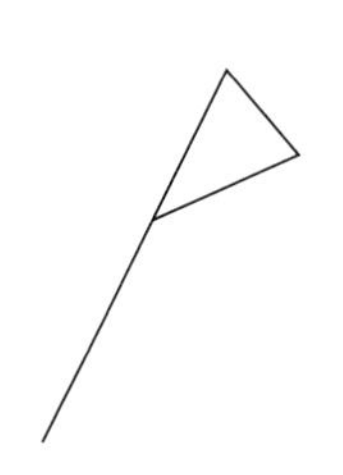

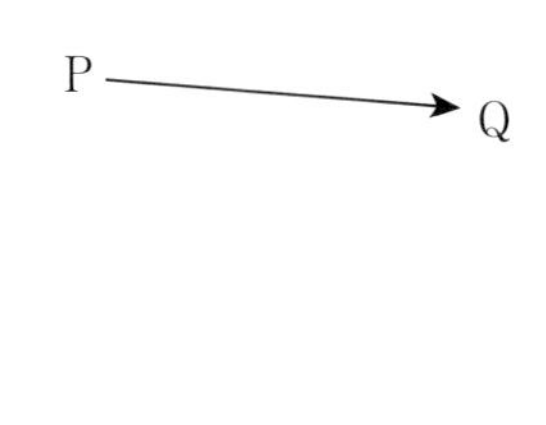

5 右の図は，△ABCを移動させてできた図形です。このとき，次の問いに答えなさい。知　10点(各5点)

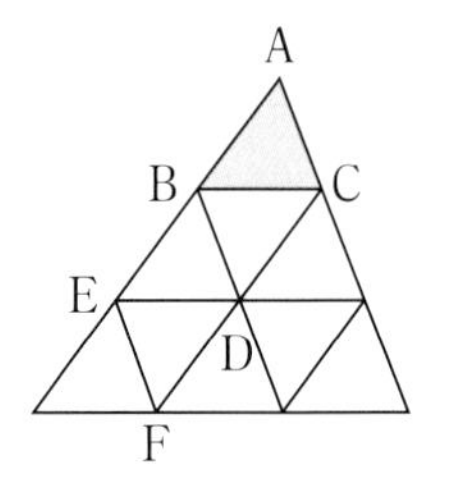

□(1) △BDCはどのように移動させたものといえますか。

□(2) △DEFはどのように移動させたものといえますか。

6 直線ABとCDが次の位置関係にあるとき，記号を使って表しなさい。知　10点(各5点)

□(1) 平行　　□(2) 垂直

　成績評価の観点　知…数量や図形などについての知識・技能　考…数学的な思考・判断・表現

❼ 右の図は，大きさの異なる2つのおうぎ形を重ねたものです。
影をつけた部分の面積と周の長さを求めなさい。知 考

20点(各10点)

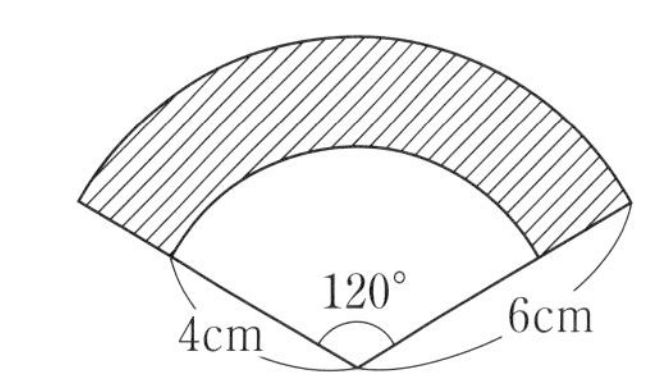

❽ 半径が10 cm，弧の長さが12π cmのおうぎ形の面積を求めなさい。知

10点

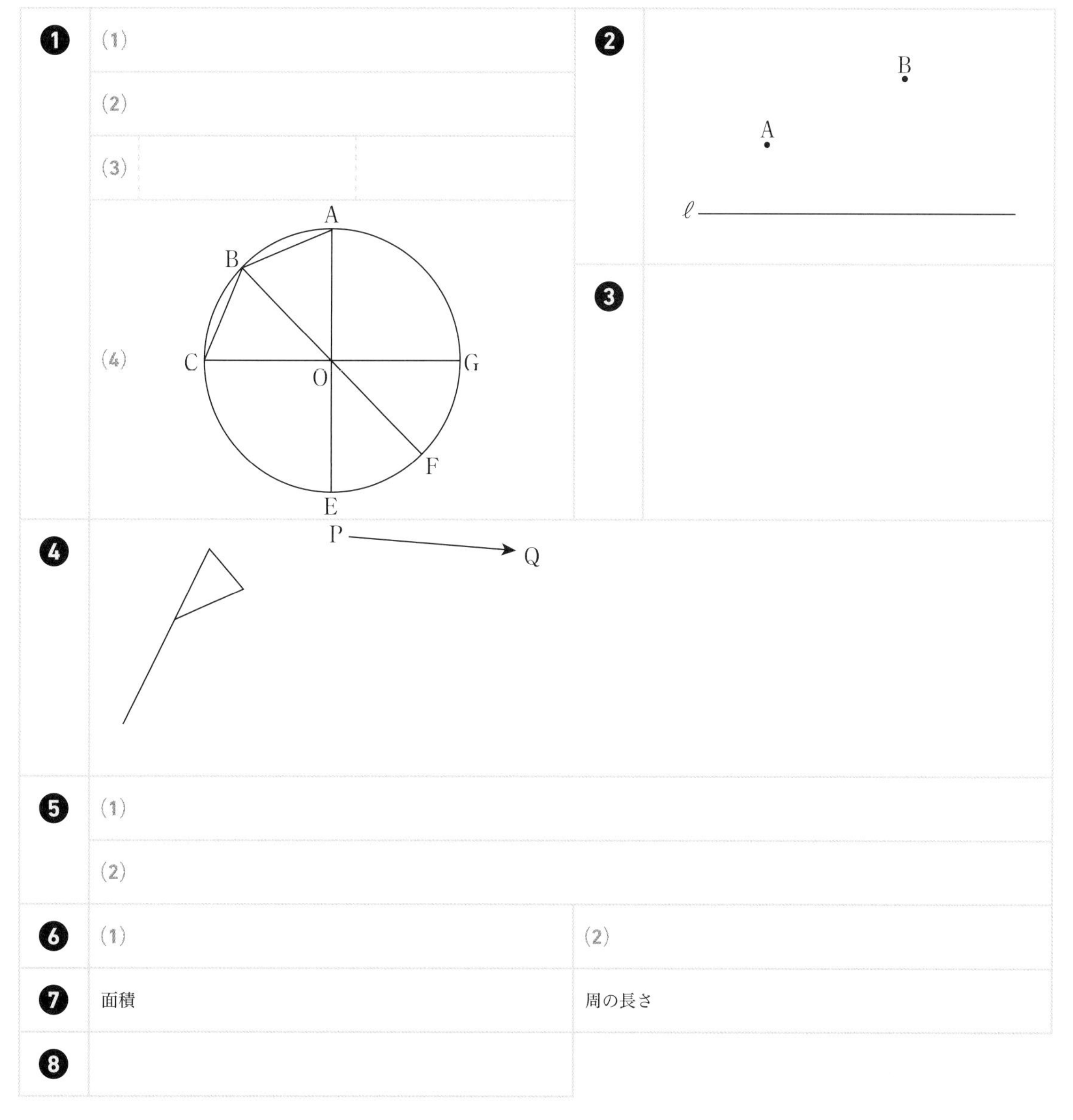

6章

Step 1 基本チェック　1節 空間図形の基礎

15分

教科書のたしかめ　[ ]に入るものを答えよう！

1節 空間図形の基礎

▶ 教 p.208-218　Step 2 ❶-❹

解答欄

□(1) 右の図で，立体㋐は[三角柱]であり，立体㋑は[三角錐]である。

(1)

□(2) 右の図の立体は正四角錐（しかくすい）であり，底面ABCDの図形は[正方形]である。
また，辺の長さは，
PA[＝]PB[＝]PC[＝]PD であり，
側面の図形はいずれも合同な
[二等辺三角形]である。

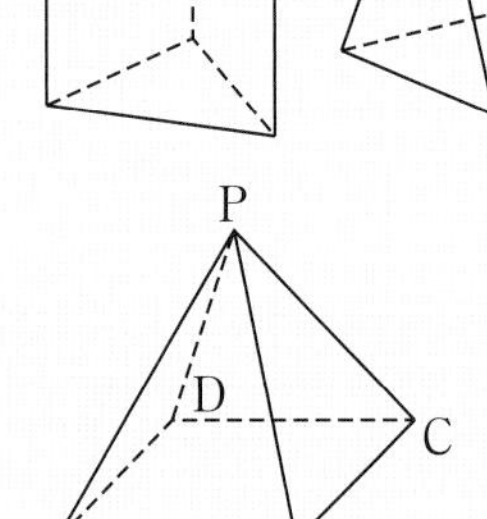

(2)

□(3) 右の図の立体㋒は[円錐]であり，底面の図形は円である。立体㋓の面はすべて正三角形であり，この立体を[正四面体]という。

(3)

□(4) 右の図の直方体で，辺ABと平行な辺は[3]本ある。辺BCと辺DHの位置関係は，
[ねじれの位置]にあるという。
辺BFと面ABCDの位置関係を記号を使って表すと，
BF[⊥]面ABCDである。

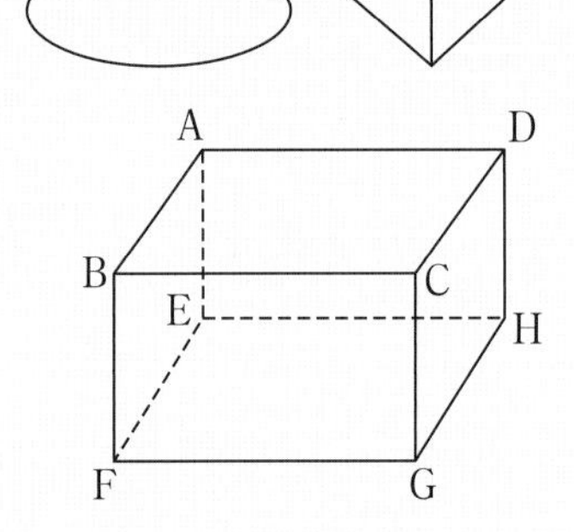

(4)

教科書のまとめ　___に入るものを答えよう！

□いくつかの平面だけで囲まれた立体を 多面体 という。

□平面上にある多角形の各頂点と，平面上にない1つの点を結んでできる立体を 角錐 という。

□角錐で，底にある面を 底面 といい，まわりの面を 側面 という。

□平面上にある円の周上の各点と，平面上にない1つの点を結んでできる立体を 円錐 という。

□どの面も合同な正多角形で，どの頂点にも同じ数の面が集まっている多面体を 正多面体 といい，正四面体，正六面体(立方体)，正八面体， 正十二面体 ，正二十面体の5種類しかない。

□空間内の2直線の位置関係には，次の3つがある。

①　交わる。　　②　平行である。　　③　ねじれ の位置にある。

Step 2 予想問題　1節 空間図形の基礎

1ページ 30分

【円柱・角錐】

ヒント

よく出る

1 下の図のような立体を何といいますか。

□

㋐ 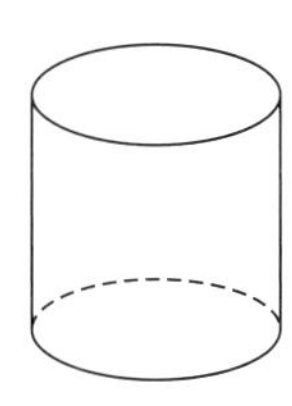
底面は円
(　　　　)

㋑ 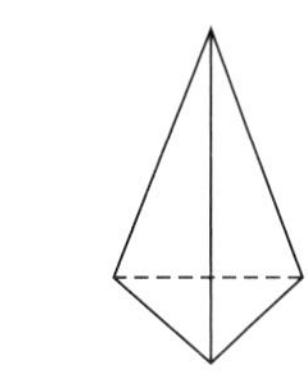
底面は正三角形
(　　　　)

㋒ 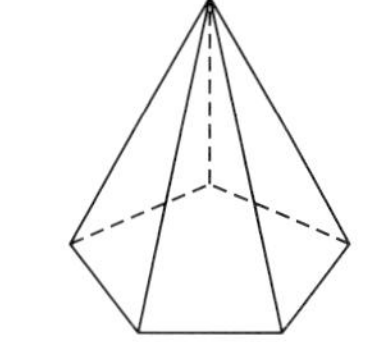
底面は五角形
(　　　　)

1 底面の形に着目する。

ミスに注意
底面が正多角形である角柱や角錐は，正○角柱，正○角錐という。「正」をつけるのを忘れないようにしよう。

【空間での距離】

2 右の図は，直方体の一部を切りとってできた三角錐です。次の面を底面としたとき，高さは何 cm ですか。

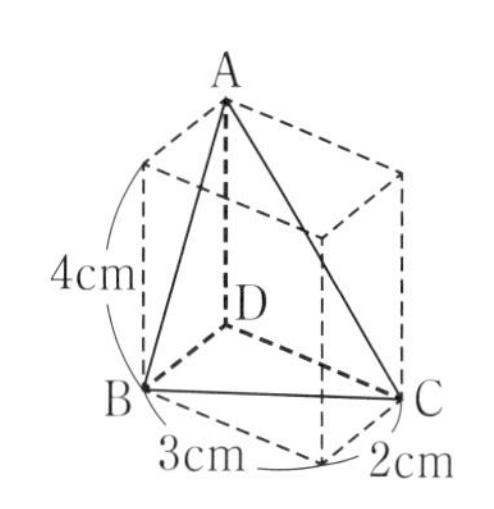

□(1) 面 BCD を底面としたとき

(　　　　)

□(2) 面 ACD を底面としたとき (　　　　)

2 頂点と底面との距離を，その錐の高さという。

【正多面体】

3 右の図の立体㋐，㋑において，辺の長さはすべて等しいとします。

㋐ 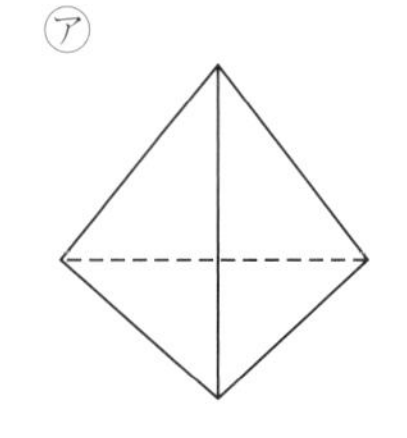

㋑

□(1) 立体㋐，㋑の名前を答えなさい。
㋐(　　　　)
㋑(　　　　)

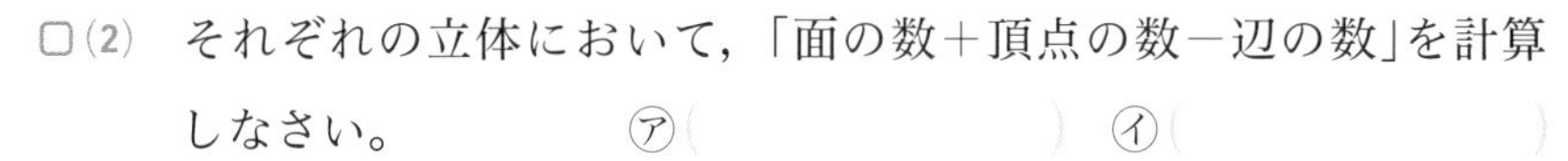
□(2) それぞれの立体において，「面の数＋頂点の数−辺の数」を計算しなさい。　㋐(　　　　)　㋑(　　　　)

3
(1)面の数を数える。
(2)㋐では，面の数は 4，頂点の数は 4，辺の数は 6 である。

【直線や平面の位置関係】

よく出る

4 右の図は，$\angle ABC=90^\circ$ の三角柱 ABC−DEF です。次の条件にあう辺や面をすべてあげなさい。

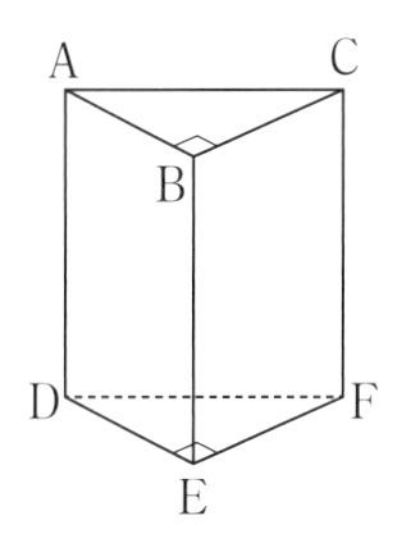

□(1) 辺 AB と平行な面 (　　　　)

□(2) 辺 AB とねじれの位置にある辺

(　　　　)

□(3) 辺 AB と垂直な面 (　　　　)

□(4) 面 ADEB と垂直な面 (　　　　)

4
(2)辺 AB と平行である辺，辺 AB と交わる辺をのぞいた辺がねじれの位置にある。

ミスに注意
面 ABC と面 ADEB は，辺 AB に垂直ではなくふくまれる。

7章

［解答▶p.25］

Step 1 基本チェック　2節 立体の見方と調べ方

教科書のたしかめ　[　]に入るものを答えよう！

2節 立体の見方と調べ方

▶ 教 p.219-226　Step 2 ❶-❸

解答欄

□(1) 右の図で，直線 ℓ を軸として，△ABC を1回転してできる立体を[円錐]という。

ℓ, A, B, C

(1)

□(2) 右の図は，ある立体の展開図である。△ABC は正三角形であり，点 D，E，F は，それぞれ辺 BC，CA，AB の中点である。これを組み立ててできる立体は[正四面体]である。辺 AF と重なる辺は，辺[BF]である。

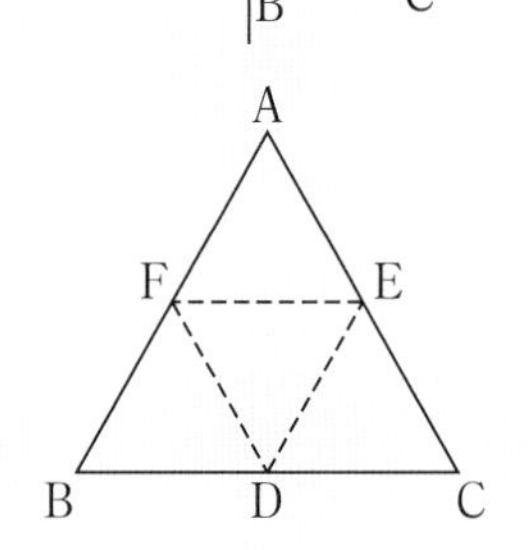

(2)

□(3) 右の図は，円錐の展開図である。側面の展開図は[おうぎ形]となり，その半径は円錐の[母線]に等しい。また，そのおうぎ形の弧の長さは，底面の[円周]に等しい。

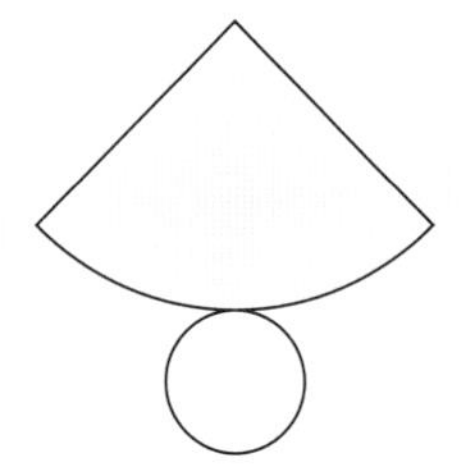

(3)

□(4) 右の投影図(とうえいず)から考えられる立体は，[正四角錐]である。

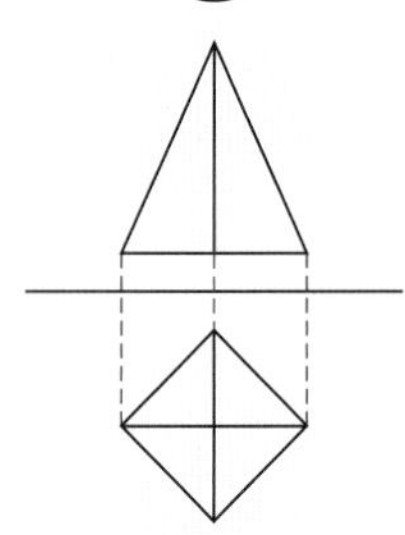

(4)

教科書のまとめ　＿＿に入るものを答えよう！

□平面図形をある直線 ℓ のまわりに1回転させてできる立体を 回転体 といい，直線 ℓ を 回転の軸 という。

□回転によって円柱や円錐の側面をつくり出す線分を 母線 という。

□立体を正面から見た図を 立面図 といい，真上から見た図を 平面図 という。これらの図をあわせて 投影図 という。

Step 2 予想問題　2節 立体の見方と調べ方

【平面図形の運動】

1 次の立体は，ある平面図形の１辺を回転軸として１回転させてできた回転体です。平面図形の名称を書きなさい。

□(1)

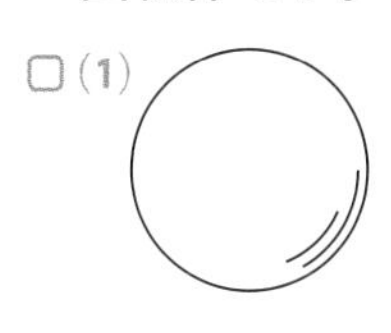

□(2)

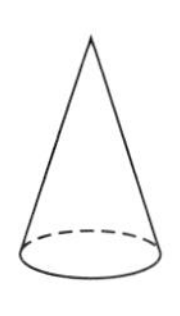

□(3)

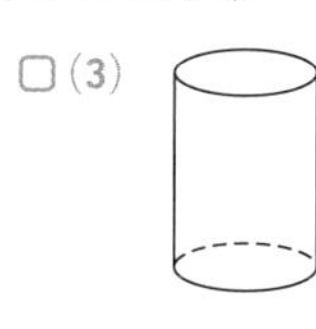

□(4)

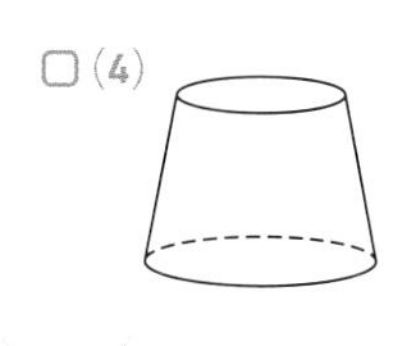

(　　　　)　(　　　　)　(　　　　)　(　　　　)

【展開図】

2 右の図の直方体で，点 A から辺 BC を通って点 G までひもをたるまないようにかけます。このとき，かけたひもの長さが最も短くなるひものかけ方を下の展開図の一部にかき入れなさい。
□

A　D　B　C　H　E　F　G

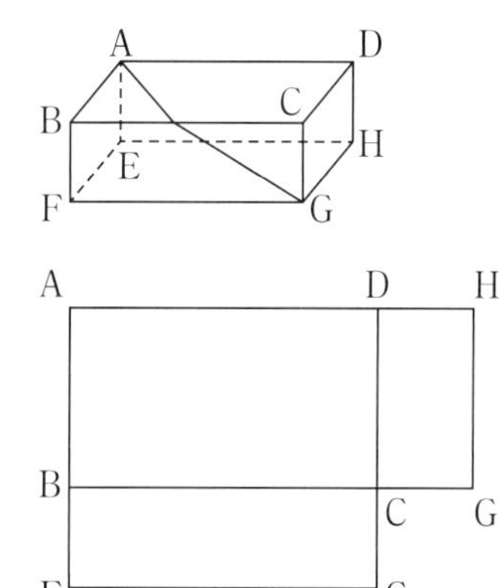

【投影図】

3 次の(1)～(3)の図は，それぞれどんな立体の投影図ですか。下の㋐～㋓の中から選びなさい。

□(1)

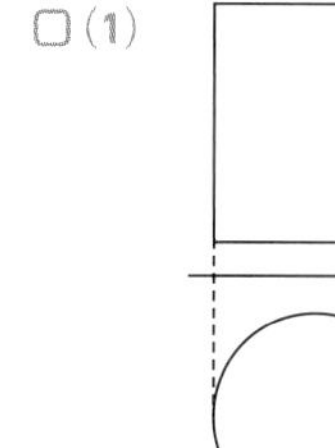

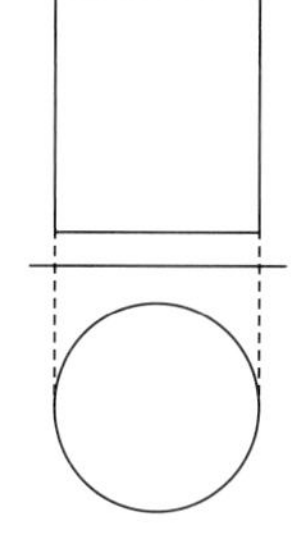

□(2)

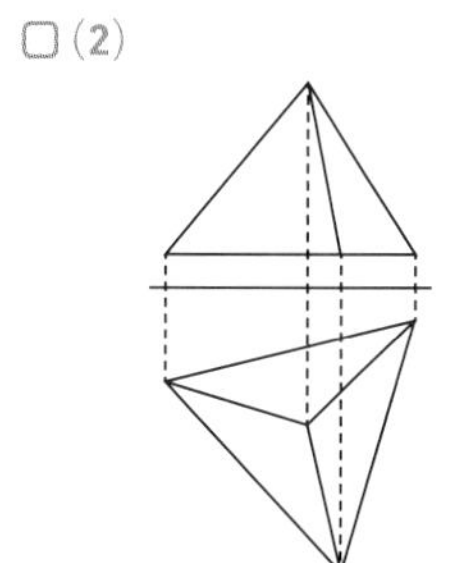

□(3)

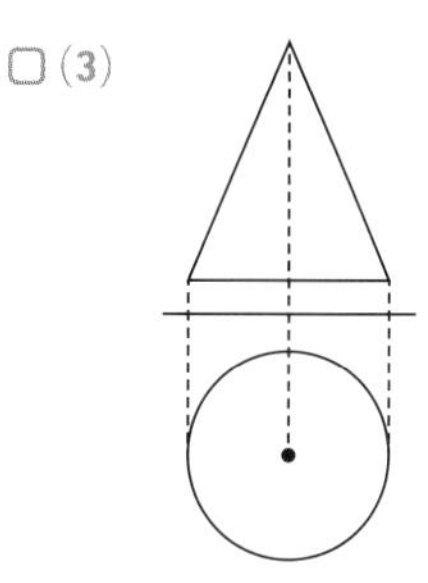

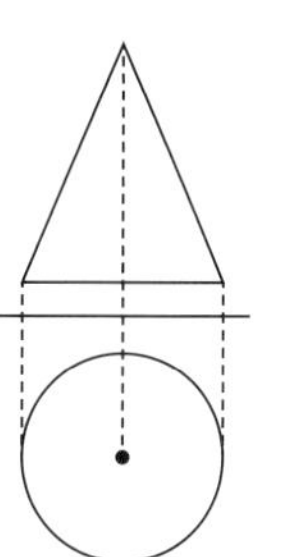

(　　　　)　(　　　　)　(　　　　)

㋐ 三角柱　㋑ 円錐　㋒ 円柱　㋓ 三角錐

ヒント

1
回転体を軸をふくむ平面で切ると，切り口は軸について線対称な図形になる。

2
頂点 A から辺 BC までの線と，辺 BC から頂点 G までの線がどのようになっていればよいかを考えるとよい。

3
１つの立体を，正面から見た図を立面図，真上から見た図を平面図といい，これらをあわせて投影図という。
線より上が立面図，下が平面図である。

7章

Step 1 基本チェック　3節 立体の体積と表面積

15分

教科書のたしかめ　[　]に入るものを答えよう！

3節 立体の体積と表面積

▶ 教 p.227-234　Step 2 ❶-❹

解答欄

□(1) 底面が1辺8 cmの正方形で，高さが15 cmの正四角錐の体積は，

$\frac{1}{3}\times$[$8^2\times15$]＝[320](cm^3)である。

(1)

□(2) 底面が半径10 cmの円であり，高さ20 cmの円柱の表面積(ひょうめんせき)は，

$\pi\times$[10^2]$\times2+2\pi\times$[10]$\times$[20]

＝[600π](cm^2)

である。

(2)

□(3) 右の図は半径6 cmの円を4等分したものである。これを直線ℓを軸として1回転してできる立体の体積は，

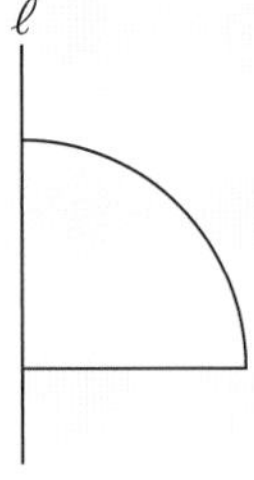

$\frac{4}{3}\pi\times$[6^3]$\times\frac{1}{2}$＝[144π](cm^3)

であり，表面積は，

$4\pi\times$[6^2]$\times\frac{1}{2}+\pi\times6^2$＝[108π](cm^2)である。

(3)

□(4) 右の図の円錐の体積は，

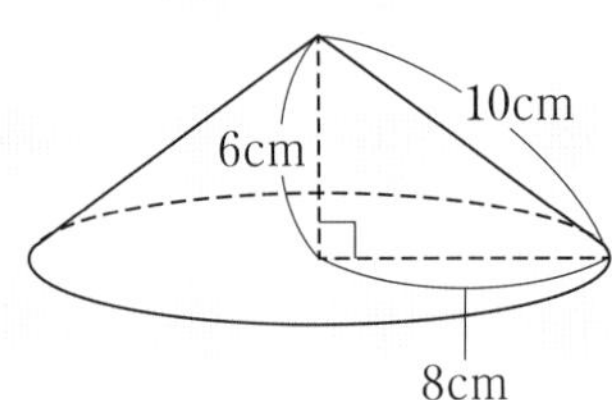

$\frac{1}{3}\pi\times$[8^2]$\times$[6]

＝[128π](cm^3)である。

展開図で，側面を表すおうぎ形の中心角をa°とすると，弧の長さは底面の円周に等しいから，

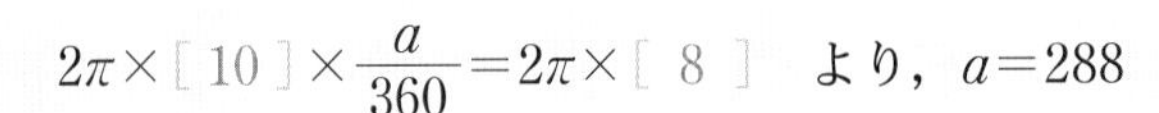

$2\pi\times$[10]$\times\frac{a}{360}=2\pi\times$[8]　より，$a=288$

円錐の表面積は，$\pi\times10^2\times\frac{288}{360}+\pi\times8^2$＝[144π](cm^2)である。

(4)

教科書のまとめ　___に入るものを答えよう！

□角柱や円柱の底面積をS，高さをhとすると，その体積は Sh である。

□角錐や円錐の底面積をS，高さをhとすると，その体積は $\frac{1}{3}Sh$ である。

□半径rの球の体積は $\frac{4}{3}\pi r^3$ であり，表面積は $4\pi r^2$ である。

Step 2 予想問題　3節 立体の体積と表面積

【立体の展開図】

よく出る

1 右の図のような展開図で表される円錐について，次の問いに答えなさい。

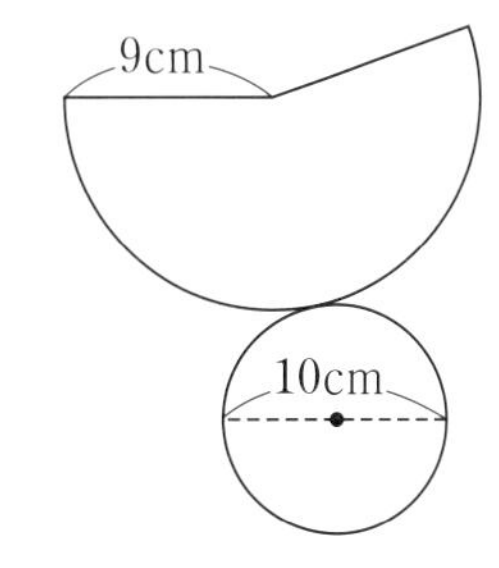

□(1) 円錐の側面のおうぎ形の弧の長さを求めなさい。（　　　　）

□(2) 円錐の側面のおうぎ形の中心角を求めなさい。（　　　　）

□(3) この円錐の表面積を求めなさい。（　　　　）

ヒント

1
半径が r，中心角が $a°$ のおうぎ形の弧の長さを ℓ，面積を S とすると，

$$\ell = 2\pi r \times \frac{a}{360}$$

$$S = \pi r^2 \times \frac{a}{360}$$

(3)(表面積)
＝(底面積)＋(側面積)

【立体の体積と表面積】

2 □ 右の図は正四角錐です。この立体の体積と表面積を求めなさい。

体積（　　　　）

表面積（　　　　）

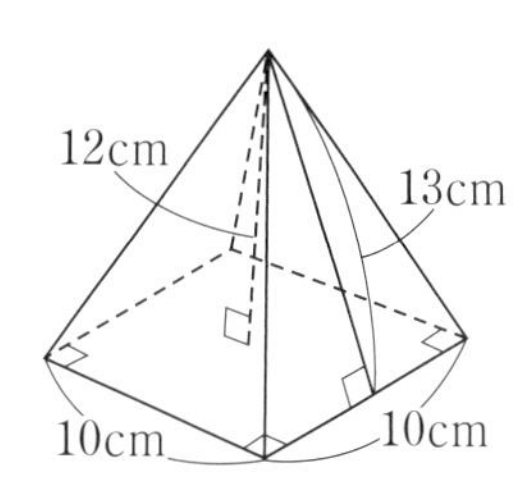

2
底面積が S，高さが h の円錐や角錐の体積を V とすると，

$$V = \frac{1}{3}Sh$$

【球の体積と表面積】

3 右の図のような底面の円の半径が 5 cm，高さが 10 cm の円柱に入る球について，次の問いに答えなさい。

□(1) 球の表面積は何 cm^2 ですか。

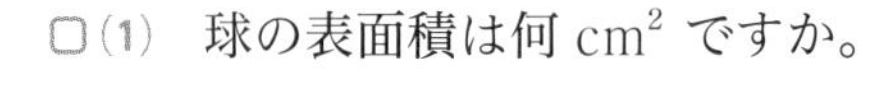

□(2) 球の体積は何 cm^3 ですか。

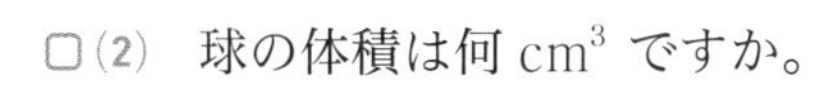

□(3) 円柱の表面積と球の表面積を比で表しなさい。

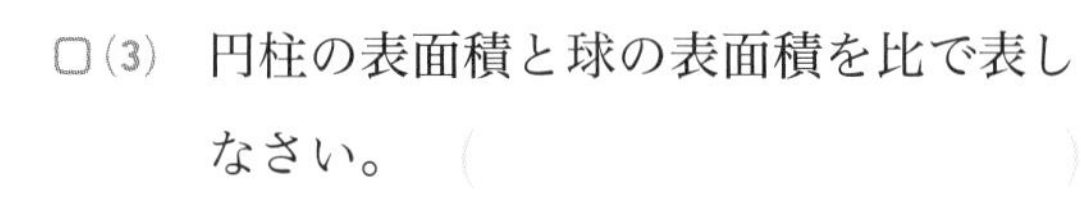

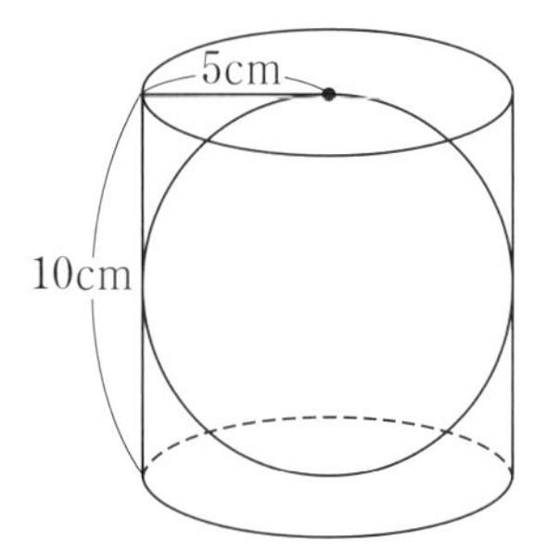

3
球の半径を r，球の体積を V，表面積を S とすると，

$$V = \frac{4}{3}\pi r^3$$

$$S = 4\pi r^2$$

である。

【回転体の体積と表面積】

4 □ 右の図の △ABC を AC を軸として 1 回転させてできた立体の体積と表面積を求めなさい。

体積（　　　　）

表面積（　　　　）

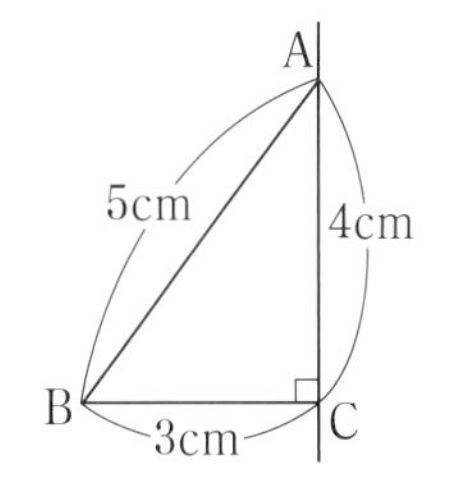

4
△ABC を AC を軸として回転させたとき，円錐ができる。

7章

Step 3 予想テスト　7章　空間図形

30分　／100点　目標 80点

1 右の図の直方体 ABCD−EFGH について，次の問いにあてはまる辺や面をすべて答えなさい。知　15点(各5点，完答)

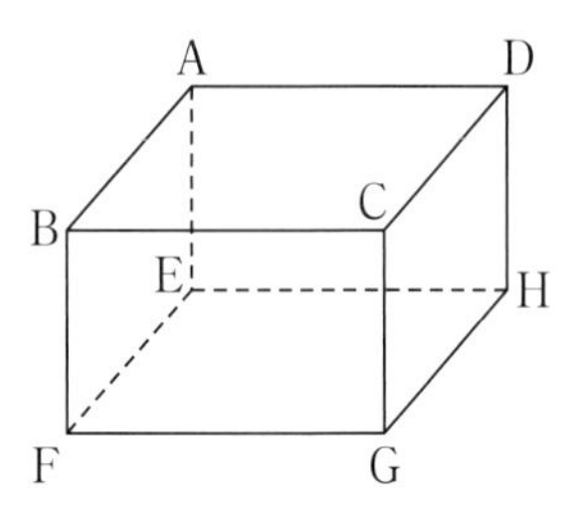

□(1) 辺 AB と平行な面

□(2) 面 AEHD と平行な辺

□(3) 辺 DH とねじれの位置にある辺

2 右の展開図を組み立てたときにできる立体について，次の問いに答えなさい。知 考　15点(各5点)

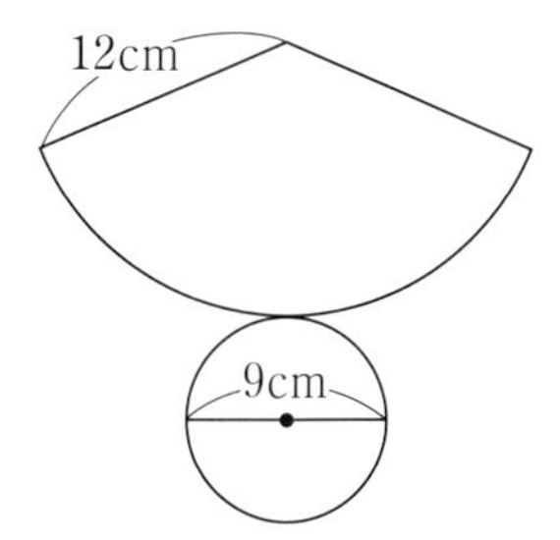

□(1) 組み立てたときにできる立体の名前をいいなさい。

□(2) 側面のおうぎ形の中心角を求めなさい。

□(3) 組み立てたときにできる立体の表面積を求めなさい。

3 次の立体の表面積を求めなさい。知　10点(各5点)

□(1)

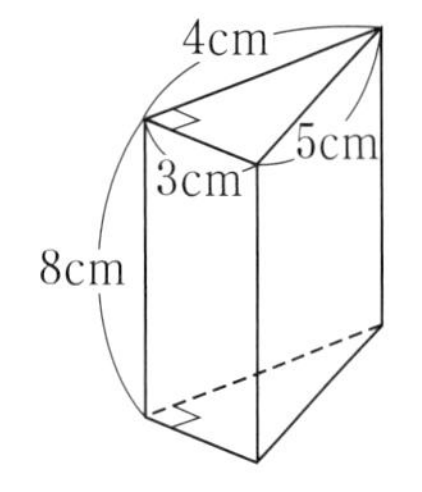

□(2)

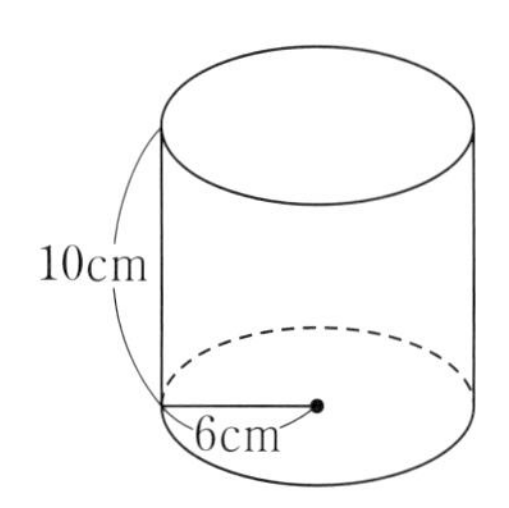

4 下の投影図で表された立体の名前と見取図をかきなさい。知 考　20点(各5点)

□(1)

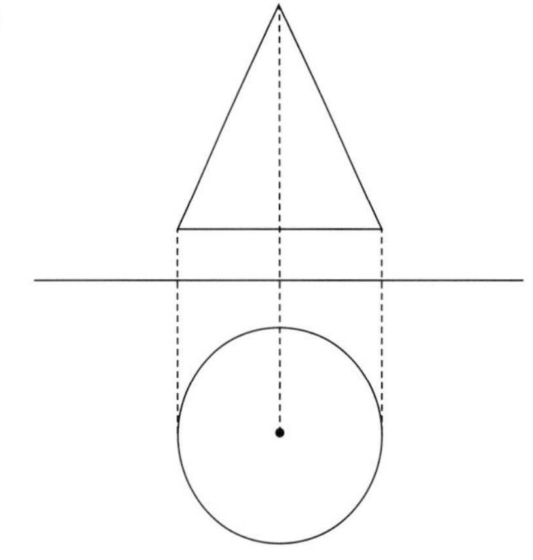

□(2)

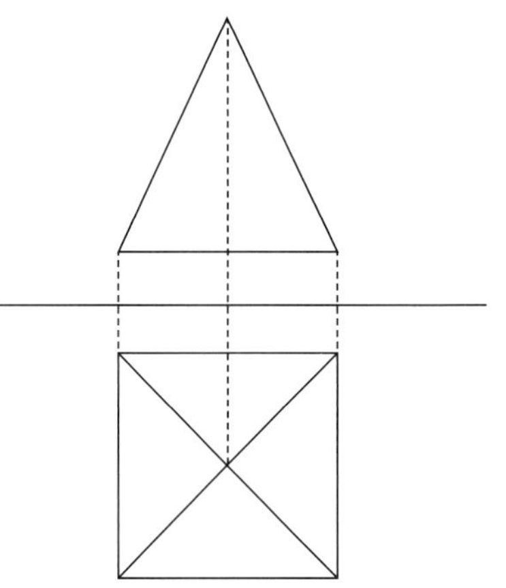

❺ 右の図の四角形を ℓ を軸として1回転させたときにできる立体の体積と表面積を求めなさい。知

20点(各10点)

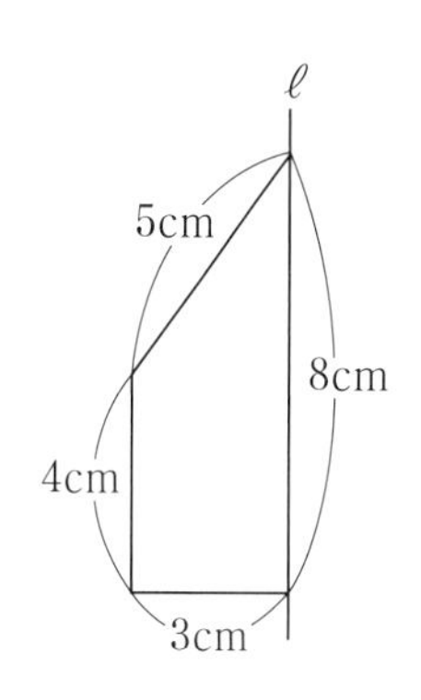

❻ 正多面体について，表の空らんをうめなさい。知 考

20点(各4点)

名前	辺の数	頂点の数
正四面体	6	4
正六面体	㋒	8
㋐	12	6
㋑	30	㋔
正二十面体	㋓	12

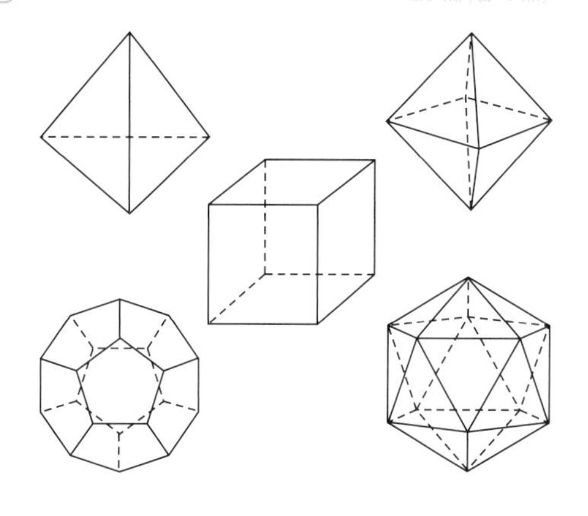

❶	(1)	(2)	
	(3)		
❷	(1)	(2)	(3)
❸	(1)	(2)	
❹	(1)	(1) 見取図	(2) 見取図
	(2)		
❺	体積	表面積	
❻	㋐	㋑	㋒
	㋓	㋔	

7章

❶ ／15点 ❷ ／15点 ❸ ／10点 ❹ ／20点 ❺ ／20点 ❻ ／20点

[解答▶p.27]

Step 1 基本チェック　1節 度数の分布　2節 データの活用

15分

教科書のたしかめ　[ ]に入るものを答えよう！

1節 度数の分布

▶ 教 p.242-259　Step 2 ❶-❸

解答欄

□(1) 下の表は，中学1年生40名の50 m走の記録を整理したものである。

階級(秒)	度数(人)	累積度数(人)	相対度数	累積相対度数
以上　未満 7.0 ～ 7.5	2	2	0.050	0.050
7.5 ～ 8.0	5	7	0.125	0.175
8.0 ～ 8.5	9	16	0.225	0.400
8.5 ～ 9.0		29		0.725
9.0 ～ 9.5	8	37	0.200	0.925
9.5 ～10.0	3	40	0.075	1.000
計	40		1.000	

この度数分布表において，階級(かいきゅう)の幅(はば)は[0.5秒]である。8.5秒以上9.0秒未満の階級の階級値(かいきゅうち)は[8.75秒]であり，度数は[13人]で，相対度数は[0.325]である。また，全体の40％の人は[8.5秒]未満である。

(1)

□(2) 上の表をもとに右のようなグラフに表したものを，[ヒストグラム]という。

□(3) 右のグラフに度数折れ線(どすうおれせん)をかき入れなさい。

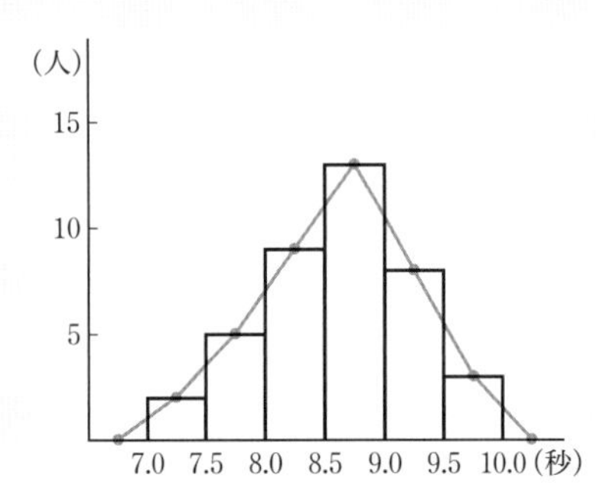

(2)

(3)

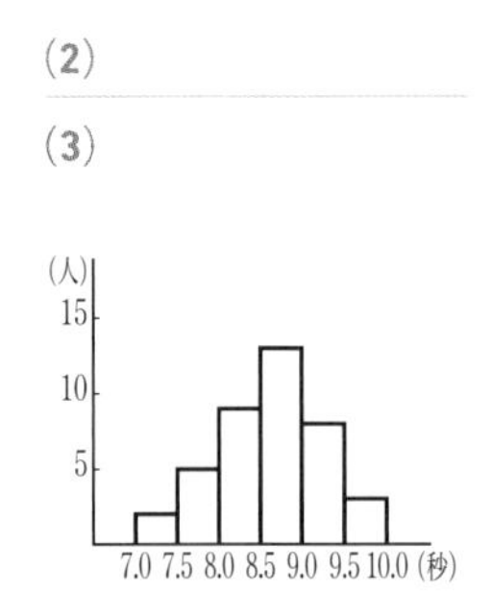

2節 データの活用

▶ 教 p.260-261

教科書のまとめ　＿＿に入るものを答えよう！

□ データの特徴を代表する数値を，そのデータの 代表値 という。

□ 代表値には， 平均値 ， 中央値 ， 最頻値 がある。

□ 階級の中央の数値を，その階級の 階級値 という。

□ 最大の値と最小の値の差を 範囲 という。

□ 相対度数(そうたいどすう)＝$\dfrac{\text{階級の度数}}{\text{度数の合計}}$

Step 2 予想問題

1節 度数の分布
2節 データの活用

1ページ 30分

【度数の分布と用語】

❶ 右の表は，ある中学校の走り幅とびの記録を表したものです。このとき，次の問いに答えなさい。

階級(cm)	度数(人)
以上　未満 250 ～ 280	1
280 ～ 310	3
310 ～ 340	6
340 ～ 370	8
370 ～ 400	15
400 ～ 430	5
430 ～ 460	2
計	40

□(1) 右のような分布のようすをわかりやすく表した表を何といいますか。

(　　　　)

□(2) ① 250 cm 以上 280 cm 未満のような区切りのことを何といいますか。

② また，その区切りの中央の数値を何といいますか。

①(　　　　)　②(　　　　)

【ヒストグラムと平均値】

❷ □ ❶の表をもとにして，ヒストグラムに表しなさい。また，このグラフから平均値を求めなさい。

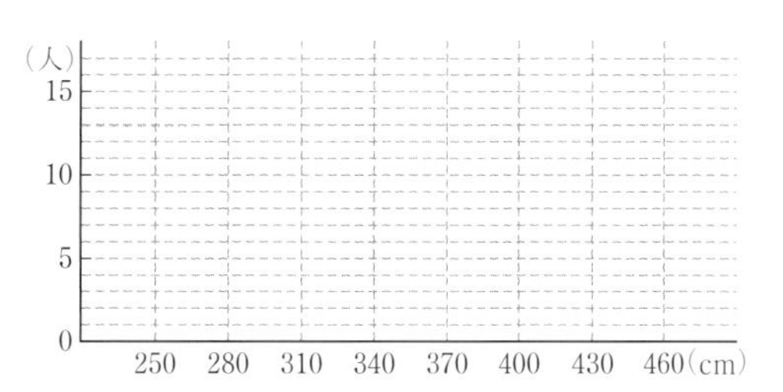

(　　　　)

【相対度数と代表値】

❸ ❶の表をもとにして，次の問いに答えなさい。

階級(cm)	相対度数
以上　未満 250 ～ 280	
280 ～ 310	
310 ～ 340	
340 ～ 370	
370 ～ 400	
400 ～ 430	
430 ～ 460	
計	1.000

□(1) 相対度数を表に書きなさい。

□(2) 距離が 340 cm 以上の割合を求めなさい。

(　　　　)

□(3) 中央値のある階級の階級値を求めなさい。(　　　　)

□(4) 最頻値のある階級を答えなさい。

(　　　　)

ヒント

❶
データを整理するにはよく使われる表である。この表での人数を度数という。

テスト得ダネ
度数分布表は必ず出題されるので覚えておこう。

❷
ヒストグラムは柱状グラフともいい，棒グラフとにた柱状のグラフであり，長方形をすき間なく横に並べてかいたものである。

❸
相対度数とは，
$\dfrac{(\text{その階級の度数})}{(\text{度数の合計})}$
であり，階級ごとの全体に対する割合を示している。

8章

Step 3 予想テスト

8章 データの分析

30分　／50点　目標 40点

1 右の表は，ある中学校１年男子のハンドボール投げの記録を度数分布表に表したものです。このとき，次の問いに答えなさい。知

20点(各5点)

階級(m)	度数(人)
以上　未満 16 ～ 18	2
18 ～ 20	4
20 ～ 22	□
22 ～ 24	6
24 ～ 26	3
計	20

□(1) 20 m 以上 22 m 未満の階級に入っている生徒は何人ですか。

□(2) ヒストグラムに表しなさい。

□(3) 平均値を求めなさい。

□(4) 中央値はどの階級に入っていますか。

2 たまごを 10 個ずつつめた２つの容器 A，B があります。下の表は，たまご１つ１つの重さを示したものです。知

20点(各4点)

A	43, 48, 55, 52, 50, 49, 50, 47, 53, 43
B	50, 45, 54, 55, 49, 54, 47, 49, 55, 42

□(1) A，B のたまごの重さの範囲と平均値を求めなさい。

□(2) 20 個全体でのたまごの重さを，階級の幅を 2 g とし，42 g 以上 44 g 未満から 54 g 以上 56 g 未満の７つの階級にわけて度数分布表にしたとき，最頻値を求めなさい。

3 □ 右の表は，あるクラスの生徒 25 人について通学時間を調べて度数分布表に整理したものです。この表の中の□で囲んだ値は，どのようなことを表したものですか。言葉で簡単に答えなさい。知 考

10点

階級(分)	度数(人)	相対度数	累積相対度数
以上　未満 0 ～ 10	8	0.32	0.32
10 ～ 20	11	0.44	[0.76]
20 ～ 30	4	0.16	0.92
30 ～ 40	2	0.08	1.00
計	25	1.00	

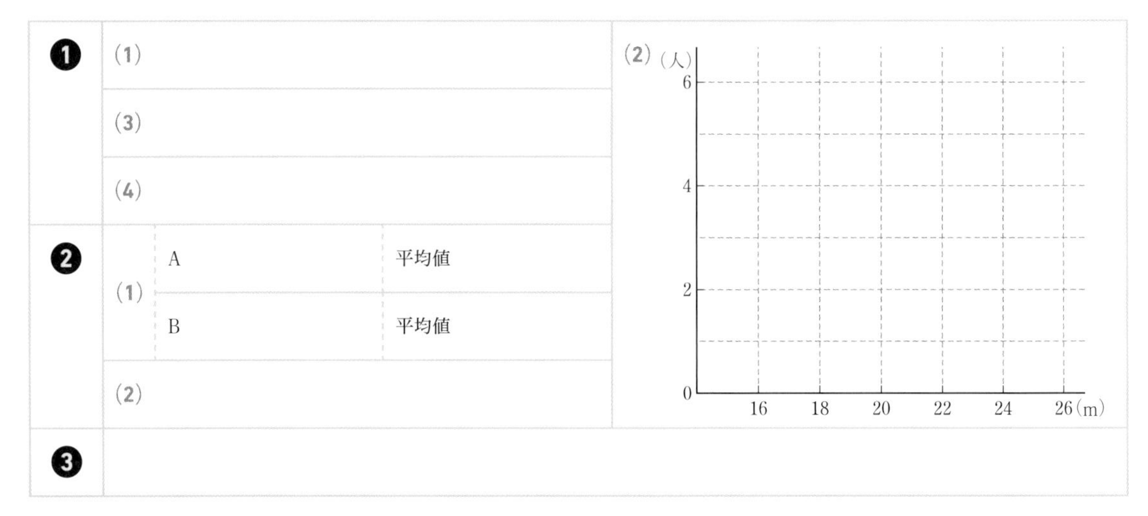

1 ／20点　2 ／20点　3 ／10点

[解答▶p.28]

テスト前 ✓ やることチェック表

① まずはテストの目標をたてよう。頑張ったら達成できそうなちょっと上のレベルを目指そう。
② 次にやることを書こう（「ズバリ英語〇ページ，数学〇ページ」など）。
③ やり終えたら□に✓を入れよう。
最初に完ぺきな計画をたてる必要はなく，まずは数日分の計画をつくって，
その後追加・修正していっても良いね。

目標

	日付	やること 1	やること 2
2週間前	/	□	□
	/	□	□
	/	□	□
	/	□	□
	/	□	□
	/	□	□
	/	□	□
1週間前	/	□	□
	/	□	□
	/	□	□
	/	□	□
	/	□	□
	/	□	□
	/	□	□
テスト期間	/	□	□
	/	□	□
	/	□	□
	/	□	□
	/	□	□

キリトリ線

QRコードのページに登録すると，「ぴたリンク」からも表をダウンロードできるよ

テスト前 ☑ やることチェック表

① まずはテストの目標をたてよう。頑張ったら達成できそうなちょっと上のレベルを目指そう。
② 次にやることを書こう（「ズバリ英語〇ページ，数学〇ページ」など）。
③ やり終えたら□に✓を入れよう。
最初に完ぺきな計画をたてる必要はなく，まずは数日分の計画をつくって，
その後追加・修正していっても良いね。

目標

	日付	やること 1	やること 2
2週間前	／	□	□
	／	□	□
	／	□	□
	／	□	□
	／	□	□
	／	□	□
	／	□	□
1週間前	／	□	□
	／	□	□
	／	□	□
	／	□	□
	／	□	□
	／	□	□
	／	□	□
テスト期間	／	□	□
	／	□	□
	／	□	□
	／	□	□
	／	□	□

QRコードのページに登録すると，「ぴたリンク」からも表をダウンロードできるよ

教育出版版 数学1年 | 定期テスト ズバリよくでる | 解答集

1章 整数の性質

1節 整数の性質

p.2 Step 2

❶ (1) $2\times5\times7$　　(2) $2^4\times3^2$

解き方 (1) 商が素数になるまで小さい順に素数で次々にわっていく。わった数と最後の商をすべてかけ合わせると，もとの自然数になる。

$$\begin{array}{r} 2\,)\underline{70} \\ 5\,)\underline{35} \\ 7 \end{array}$$

より，$70=2\times5\times7$

(2)

$$\begin{array}{r} 2\,)\underline{144} \\ 2\,)\underline{\ 72} \\ 2\,)\underline{\ 36} \\ 2\,)\underline{\ 18} \\ 3\,)\underline{\ \ 9} \\ 3 \end{array}$$

より，$144=2\times2\times2\times2\times3\times3$

累乗の指数で表して，$144=2^4\times3^2$

❷ 1，2，4，7，8，14，28，56

解き方 56 を素因数分解すると，

$$\begin{array}{r} 2\,)\underline{56} \\ 2\,)\underline{28} \\ 2\,)\underline{14} \\ 7 \end{array}$$

となり，$56=2^3\times7$　と表される。

約数は素因数の積で求めることができるから，

すべての自然数の約数 … 1

素因数　　　　… 2，7

素因数2個の積 … 2×2，2×7

素因数3個の積 … $2\times2\times2$，$2\times2\times7$

素因数4個の積 … $2\times2\times2\times7$

以上より，1，2，4，7，8，14，28，56 の8個の約数がある。

❸ 6

解き方 48 を素因数分解すると，

$$\begin{array}{r} 2\,)\underline{48} \\ 2\,)\underline{24} \\ 2\,)\underline{12} \\ 2\,)\underline{\ \ 6} \\ 3 \end{array}$$

より，$48=2\times2\times2\times2\times3$

78 を素因数分解すると，

$$\begin{array}{r} 2\,)\underline{78} \\ 3\,)\underline{39} \\ 13 \end{array}$$

より，$78=2\times3\times13$

共通の素因数は2と3だから，$2\times3=6$ で6が最大公約数である。

2章 正の数，負の数

1節 正の数，負の数

p.4-5 Step 2

1 (1) $+4$ m　(2) -56 m

解き方 特に断りがないかぎり，基準より「高い」，「大きい」，「長い」，「重い」などは＋になる。基準の数値を引くと，符号をふくめてそのまま答えになる。

(1) $300-296=4$ ⇒ $+4$ m

(2) $296-240=56$　基準より低いので -56 m

2 (1) -20 分　(2) -2.4 cm　(3) -7 km

解き方 反対の性質を表すことばの一方を正とすると，もう一方は負になる。

(1) 基準より「後」が＋だから，「前」は－で表す。

(2) 基準より「高い」が＋だから，「低い」は－で表す。

(3) 「南」は「北」の反対である。

3 (1) -2.3　(2) $+1$　(3) -2　(4) -5

解き方 (1) 0より小さい数は－をつけて表す。

(2) 数直線上で，-3 から，右へ4動くと正の数になる。

(3) 「-3 大きい」は「3 小さい」と同じ意味である。

4 -4，3，0

5 (1) 60 g

(2) ア 61　イ 58　ウ -4　エ $+7$

解き方 (1) 3番の欄から，63 g が基準より 3 g 大きいから，(基準の重さ)$+3=63$ と考え，

$63-3=60$

(2) ア $60+1=61$　イ $60-2=58$

ウ $60-56=4$ より基準より 4 g 軽いので，-4

エ $67-60=7$

6 A -3　B -1.5　C $+1$　D $+3.5$

7

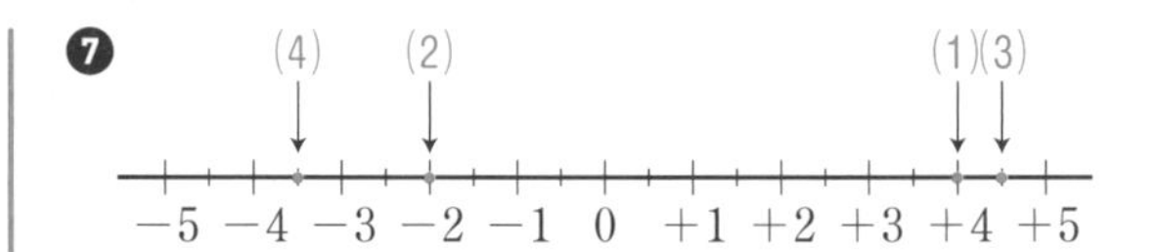

8 (1) $-6<-1$

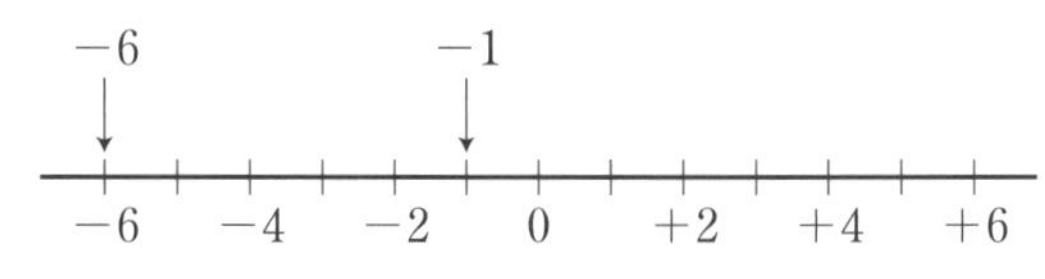

(2) $-5<-2<+3$

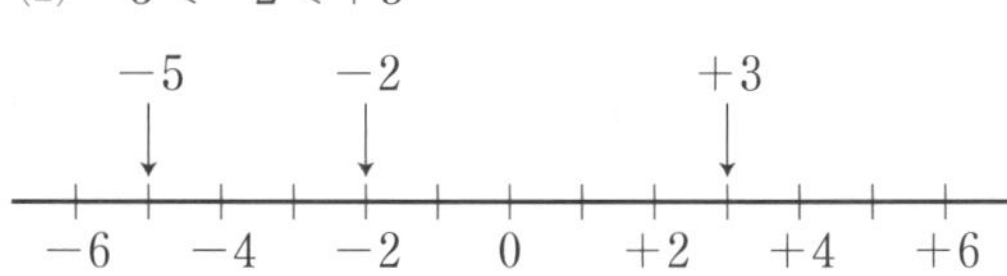

9 (1) ① $\frac{3}{7}$　② 0　③ 8　④ 2.3

(2) -3.5，$+3.5$

(3) -1，0，$+1$

解き方 (1) 絶対値は原点からの距離を表すので，＋や－の符号をはずした数になる。

(2) 0 以外は，原点からの距離が同じものは，原点の左右に1つずつ，合計2つある。

(3) 絶対値が 0 と 1 になる数である。

10 (1) $+3.8<+5.4$　(2) $-27<-19$

(3) $-\frac{7}{9}<-\frac{7}{11}$　(4) $-\frac{3}{4}<-\frac{2}{3}$

(5) $-\frac{7}{2}<-2.5<-2$

解き方 (1) 不等号は開いている側に大きい数がくる。(小さい数)<(大きい数)

(5) 数を小さい順に並べ，数の間に不等号<をおく。または，数を大きい順に並べ，数の間に不等号>をおく。<と>のように2つの不等号の開いている向きを逆にして3つの数の大小を表さないように注意する。

2節 加法と減法　3節 乗法と除法
4節 正の数，負の数の活用

p.7-9 Step 2

1 (1) $+10$　(2) $+32$　(3) $+30$　(4) -8

解き方 (1) $(+3)+(+7)=+(3+7)=+10$

(4) $(-6)+(-2)=-(6+2)=-8$

2 (1) $+4$　(2) -6　(3) -5　(4) $+7$

解き方 (1) $(-5)+(+9)=+(9-5)=+4$

(2) $(-12)+(+6)=-(12-6)=-6$

3 (1) $+5$　(2) 0　(3) -14　(4) $+23$

解き方 (2) $(-3)+(+11)+(-8)$

$=(+11)+\{(-3)+(-8)\}=(+11)+(-11)=0$

4 (1) $+4$　(2) -16　(3) $+13$　(4) $+6$

解き方 (2) $(-4)-(+12)=(-4)+(-12)$

$=-(4+12)=-16$

(4) $0-(-6)=0+(+6)=+6$

5 (1) $+1$　(2) -12　(3) $+4$　(4) $+2$

解き方 (2) $(-8)-(-3)-(+7)$

$=(-8)+(+3)+(-7)=(+3)+\{(-8)+(-7)\}$

$=(+3)+(-15)=-12$

(4) $(+7)-(+6)-(-5)+(-4)$

$=(+7)+(-6)+(+5)+(-4)$

$=\{(+7)+(+5)\}+\{(-6)+(-4)\}$

$=(+12)+(-10)=+2$

6 (1) -9　(2) -4　(3) 9　(4) 18

解き方 (1) $11-12-8=11-20=-9$

(4) $39-8-24+11=39+11-8-24=50-32=18$

7 (1) 1.5　(2) -4.8　(3) $-\frac{23}{12}$　(4) $-0.25\left(-\frac{1}{4}\right)$

解き方 (3) $-\frac{5}{3}+\frac{1}{4}-\frac{1}{2}=\frac{1}{4}-\frac{5}{3}-\frac{1}{2}$

$=\frac{3}{12}-\frac{20}{12}-\frac{6}{12}=\frac{3}{12}-\frac{26}{12}=-\frac{23}{12}$

8 (1) 28　(2) -24　(3) -63　(4) 18

解き方 答えが正のときは＋をはぶいてもよい。

(2) $(+3)\times(-8)=-(3\times8)=-24$

(4) $(-6)\times(-3)=+(6\times3)=+18=18$

9 (1) 60　(2) -20　(3) -80　(4) 0

解き方 (3) －が 3 個，＋が 1 個だから，－になる。

$(-5)\times(-1)\times(+8)\times(-2)$

$=-(5\times1\times8\times2)=-80$

10 (1) 25　(2) -25　(3) -36
(4) -36　(5) 54　(6) -24

解き方 (1) $(-5)^2=5^2=5\times5=25$

(5) $(-2)\times(-3)^3=(-2)\times(-27)=54$

11 (1) $\frac{1}{6}$　(2) $-\frac{1}{3}$　(3) $-\frac{5}{3}$　(4) $\frac{5}{2}$　(5) -3

解き方 (1) 整数は分母が 1 の分数と考える。$6=\frac{6}{1}$

(3) 小数は分数に直す。$-0.6=-\frac{3}{5}$

12 (1) -4　(2) $-\frac{8}{3}$　(3) $-\frac{4}{7}$　(4) $\frac{7}{18}$

解き方 (2) $(-16)\div(+6)=(-16)\times\left(+\frac{1}{6}\right)=-\frac{8}{3}$

(4) $\left(-\frac{5}{9}\right)\div\left(-\frac{10}{7}\right)=\left(-\frac{5}{9}\right)\times\left(-\frac{7}{10}\right)=\frac{7}{18}$

13 (1) $-\frac{9}{2}$　(2) $-\frac{2}{3}$　(3) 100　(4) 36

解き方 (2) $-0.4\times\left(-\frac{5}{4}\right)\div\left(-\frac{3}{4}\right)$

$=-\frac{2}{5}\times\left(-\frac{5}{4}\right)\times\left(-\frac{4}{3}\right)=-\frac{2}{3}$

14 (1) A -3.2　B $+3.4$　C -2.0
D $+2.3$　E -2.5

(2) 149.6 cm

解き方 (2) $(-3.2)+(+3.4)+(-2.0)+(+2.3)$
$+(-2.5)=-2.0$

$150.0+(-2.0)\div5=150.0-0.4=149.6$

p.10-11 Step 3

❶ (1) $2\times3^2\times5$

(2) 1, 2, 3, 5, 6, 9, 10, 15, 18, 30, 45, 90

❷ (1) +8 時間　(2) −3500 円

❸ (1) A −7.5　(2) 12.5

❹ (1) $-5>-\frac{16}{3}$　(2) $-(-2)^3>-3^2$

❺ (1) 18　(2) $-\frac{1}{12}$　(3) 11

(4) −32　(5) 0　(6) $\frac{5}{4}$

(7) −25　(8) 28　(9) 1000

❻ (1) 例 $0-(-1)=1$　(2) ○　(3) 例 $1\div0$

❼ 人数 21 人，ノート 2 冊，ボールペン 9 本

❽ (1) 94 点　(2) 13 点　(3) 74.5 点

解き方

❶ (1)

```
2)90
3)45
3)15
   5
```

より，$90=2\times3^2\times5$

(2) 約数は，素因数の積で求めることができる。

すべての自然数の約数 … 1

素因数 … 2, 3, 5

素因数 2 個の積 … 2×3, 2×5, 3×3, 3×5

素因数 3 個の積 … $2\times3\times3$, $2\times3\times5$, $3\times3\times5$

素因数 4 個の積 … $2\times3\times3\times5$

以上より，1, 2, 3, 5, 6, 9, 10, 15, 18, 30, 45, 90 の 12 個の約数がある。

❷ (1)「前」が−なので，「後」は＋になる。

(2)「収入」が＋なので，「支出」は−になる。

❸ (1) 原点からの距離が絶対値である。点 A が原点からの距離が最も大きい。

(2) 最大の数を表す点は E，最小の数を表す点は A である。

$(+5)-(-7.5)=(+5)+(+7.5)=12.5$

❹ (1) $-5=-\frac{15}{3}$ だから $-5>-\frac{16}{3}$ である。

(2) 負の数の奇数乗は負の数になるから，$-(-2)^3$ は正の数である。また，-3^2 は負の数であるから，

$-(-2)^3>-3^2$ である。

❺ (2) $\left(-\frac{3}{4}\right)-\left(-\frac{2}{3}\right)=\left(-\frac{3}{4}\right)+\left(+\frac{2}{3}\right)$

$=\left(-\frac{9}{12}\right)+\left(+\frac{8}{12}\right)=-\frac{1}{12}$

(5) 0 を 0 以外のどんな数でわっても 0 である。

(6) $(-6)^2\div24\times\frac{5}{6}=36\times\frac{1}{24}\times\frac{5}{6}=\frac{5}{4}$

(7) $25-(-5)^2\times2=25-5^2\times2$

$=25-25\times2=25-50=-25$

(8) $-2^3+(-4)\times(-3^2)=-2^3+4\times3^2$

$=-8+4\times9=36-8=28$

(9) $(-20)\times14+(-4)^3\times(-20)$

$=(-20)\times(14-4^3)=(-20)\times(14-64)$

$=(-20)\times(-50)=1000$

❻ (1) 負の数をひくことは，正の数を加えることと同じだから，答えは必ず正になる。

(2) (自然数)×(自然数)=(自然数) であるから，同じ自然数を何回かけても自然数である。

(3) 0 は整数であるが，0 によるわり算はできない。

❼ 42 と 189 の最大公約数を求めればよい。

```
2) 42        3)189
3) 21        3) 63
    7        3) 21
                 7
```

$42=2\times3\times7$，$189=3^3\times7$ と表されるので，2 数の共通の素因数は 3 と 7 である。共通の素因数の積が最大公約数なので，ノートとボールペンを同じ数ずつ配ることのできる最大の人数は，$3\times7=21$(人) である。

また，このとき配られるノートの冊数は，

$42\div21=2$(冊)

配られるボールペンの本数は，

$189\div21=9$(本)

となる。

❽ (1) 基準点との差が＋で，最も大きい E が最高点である。$70+24=94$

(2) 基準点との差で計算すればよい。

$(+5)-(-8)=(+5)+(+8)=+13=13$

(3) $(+5)+(-5)+(+10)+(+1)+(+24)+(-8)$ $=+27$ だから，$70+27\div6=70+4.5=74.5$

3章 文字と式

1節 文字を使った式

p.13-14 **Step ❷**

❶ (1) $(1000-80\times x)$ 円
(2) $(200\div a)$ cm
(3) $(5\times x\div 60)$ km

解き方 単位をつけるのを忘れないようにする。
(1) ボールペンの代金は $80\times x$ 円になる。
(2) (縦の長さ)×(横の長さ)＝(長方形の面積)
(3) 分を時間に直す。$5\times\frac{x}{60}$ km としてもよい。
時速を分速に直してもよい。
$5\div 60\times x$ km または $\frac{5}{60}\times x$ km
$\frac{5}{60}$ を約分して $\frac{1}{12}\times x$ km としてもよい。

❷ (1) $-5x$　(2) $-a$　(3) $-\frac{2}{3}ab$
(4) $0.1ab$　(5) $\frac{ab}{4}$　(6) $a-\frac{b}{3}$
(7) a^4　(8) $2xy^2$　(9) $-\frac{4}{3}x-2y$
(10) $a-\frac{b+c}{3}$　(11) $12-3x^2$　(12) $\frac{x}{y}-\frac{1}{z}$

解き方 (1) ×の記号をはぶくときは，数は文字の前にくる。負の数の場合は，かっこをはずして積全体の符号になるようにする。$(-5)x$ とするのは誤り。
(2) $-1a$ とするのは誤り。文字の前の数の 1 は省略する。
(3) $-\frac{2}{3}ba$ でなく，複数の種類の文字の積は，アルファベット順に書くことが多い。ab を分子に入れて，$-\frac{2ab}{3}$ とすることもできる。
(4) 数が 0.1 や 0.01 などの場合，1 の数字は省略できない。つまり，$0.a$ や $0.0a$ などとはしない。
(5) わり算は，わる数や文字を分母とする分数で表す。$\frac{1}{4}ab$ のように，わる数の逆数をかける形にしてもよい。
なお，文字でわる場合，$\frac{1}{a}b$ や $b\frac{1}{a}$ などのようにはしない。
(6) $-\frac{b}{3}+a$ でなく，アルファベット順に項を書くことが多い。
(7) 同じ文字の積は累乗の指数を使って表す。$aaaa$ などとはしない。
(10) 他の式との積になっていないかぎり，分子や分母のかっこははぶく。

❸ (1) $2\times a\times b$　(2) $0.3\times a\times b\times b$
(3) $x\times x\times y\div 4$　(4) $(a\times b-2\times c)\div 3$
(5) $2\times(x-y)\div 3$　(6) $a\div 2+3\times(b-1)$

解き方 ×や÷の記号を使うとき，その書き方は何通りもある。原則として，乗法を先にし，除法を後にするのがよい。
(1) $2\times b\times a$，$a\times 2\times b$，$a\times b\times 2$，$b\times 2\times a$，$b\times a\times 2$ のいずれでもよい。このように，表し方は何通りもあるので，数字や文字の出てくる順に書くとよい。
(2) 累乗で表された文字も積の形で表す。
(3) $x\times x\times y\times\frac{1}{4}$ や $\frac{1}{4}\times x\times x\times y$ などと考えることもできるが，分数は用いず，わり算で表す。
(4) 分子や分母に加法や減法の式がある分数の式をわり算で表すときには，分子や分母の式をかっこでくくっておく必要がある。
(5) $2\div 3\times(x-y)$ としてもよい。

❹ (1) $\dfrac{20}{100}a$ L

(2) $2(x+8)$ cm

(3) $(1000a-50x)$ m

(4) $10ab$ cm^3

(5) $(150x+120y)$ 円

解き方 (1) $\dfrac{20}{100}$ を約分して，$\dfrac{1}{5}a$ L または $\dfrac{a}{5}$ L としてもよい。また，20 % を小数で表して，$0.2a$ L としてもよい。

(2) 縦と横の和が半周分だから，それを 2 倍する。または，縦の辺が 2 本，横の辺が 2 本だから，$(2x+16)$ cm としてもよい。

(3) a km を m 単位に換算して，進んだ道のり $50x$ m をひく。

進んだ道のりを km 単位に換算してからひいてもよい。

$$a-\frac{50x}{1000}=a-\frac{x}{20}\,(\text{km})$$

また，分を時間に換算してから求めてもよい。

分速 x m を時速と km 単位に直すと，$\dfrac{60x}{1000}$ km/時である。

50 分で進んだ道のりは，

$$\frac{60x}{1000}\times\frac{50}{60}=\frac{x}{20}\,(\text{km})$$

したがって，残りの距離を km で表すと，

$$\left(a-\frac{x}{20}\right)\text{km}$$

❺ (1) -5　(2) $-\dfrac{7}{3}$

(3) 16　(4) 18

(5) 9

解き方 数値を代入するときは，×の記号を忘れないように気をつける。

(1) $-2\times4+3=-8+3=-5$

(2) $\dfrac{2}{a}=2\times\dfrac{1}{a}$ であることに注意して，a の逆数を代入する。

$$\frac{2}{3}-2\times\frac{3}{2}=\frac{2}{3}-3=-\frac{7}{3}$$

(3) $3\times(-2)^2-2\times(-2)=3\times2^2+2\times2$

$=12+4=16$

(4) $3\times2-4\times(-3)=6+12=18$

(5) $3^2-2\times3\times(-2)-3\times(-2)^2$

$=3^2+2\times3\times2-3\times2^2$

$=9+12-12=9$

❻ (1) 昨年度の女子の入学者数

(2) 今年度の男子の入学者数

(3) 今年度の入学者数

(4) $\left(225-\dfrac{25}{21}y\right)$ 人

解き方 (1) 昨年度の入学者数から昨年度の男子の入学者数をひいたものになる。

(2) 百分率を小数で表すと，1 % は 0.01 になる。

例えば，a の 5 % 増しは，

$$a\times(1+0.01\times5)=1.05a$$

と表され，a の 5 % 減は，

$$a\times(1-0.01\times5)=0.95a$$

と表される。

したがって，$1.02x$ は x の 2 % 増しを表している。

(3) $0.84=1-0.16$ だから，$0.84(225-x)$ は，$(225-x)$ の 16 % 減を表している。

(4) 今年の女子の入学者数 y 人は昨年の 84 % であるから，昨年の女子の入学者数は，

$$y\div\frac{84}{100}=y\times\frac{100}{84}=\frac{25}{21}y\,(\text{人})$$

したがって，昨年の男子の入学者数は，$\left(225-\dfrac{25}{21}y\right)$ 人

❼ (1) 奇数　(2) 5 の倍数

(3) 3 でわると 2 余る整数

解き方 (1) $2n$ は，2 で常にわり切れるから偶数である。偶数から 1 をひくと，奇数になる。

(3) $3n+2$ は 3 の倍数に 2 をたしたものだから，3 でわると 2 余ることを意味している。

2節 文字を使った式の計算　3節 文字を使った式の活用　4節 数量の関係を表す式

p.16-17　Step 2

❶ (1) 項 $\frac{1}{2}x$, -3　係数 $\frac{1}{2}$

(2) 項 $3x$, $-y$, 4　係数 3, -1

解き方 文字式を和の形で表したとき，＋で結びついている１つ１つの部分を項という。また，文字の項で，文字の前の数を，その文字の係数という。

(2) $-y=(-1)\times y$ であることに注意する。

❷ (1) $7a$　(2) $5a$

(3) $0.1y+1.7$　(4) $\frac{1}{6}a+\frac{1}{10}$

(5) $8x-3$　(6) $3a-6$

(7) $x+7$　(8) $-0.9x+1.6$

解き方 (1) $2a+5a=(2+5)\times a=7a$

(2) $-3a+6+8a-6=8a-3a+6-6$
$=5a$

(3) $1.5y-2.5-1.4y+4.2=1.5y-1.4y+4.2-2.5$
$=0.1y+1.7$

(4) $\frac{1}{2}a+\frac{3}{5}-\frac{1}{3}a-\frac{1}{2}=\frac{1}{2}a-\frac{1}{3}a+\frac{3}{5}-\frac{1}{2}$
$=\left(\frac{3}{6}-\frac{2}{6}\right)\times a+\frac{6}{10}-\frac{5}{10}$
$=\frac{1}{6}a+\frac{1}{10}$

(5) $3x+(5x-3)=3x+5x-3$
$=8x-3$

(6) $-4a-(-7a+6)=-4a+7a-6$
$=7a-4a-6$
$=3a-6$

(7) $6x+4-(5x-3)=6x+4-5x+3$
$=6x-5x+4+3$
$=x+7$

(8) $0.8x-4.8+(-1.7x+6.4)$
$=0.8x-4.8-1.7x+6.4$
$=0.8x-1.7x+6.4-4.8$
$=-0.9x+1.6$

❸ (1) 和 $5x+8$　差 $9x-2$

(2) 和 $-8a-1$　差 $2a+5$

解き方 (1) 和 $(7x+3)+(-2x+5)=7x+3-2x+5$
$=7x-2x+3+5$
$=5x+8$

差 $(7x+3)-(-2x+5)=7x+3+2x-5$
$=7x+2x+3-5$
$=9x-2$

(2) 和 $(-3a+2)+(-5a-3)=-3a+2-5a-3$
$=-3a-5a+2-3$
$=-8a-1$

差 $(-3a+2)-(-5a-3)=-3a+2+5a+3$
$=5a-3a+2+3$
$=2a+5$

❹ (1) $-15x$　(2) $6a$

(3) $-\frac{1}{3}b$　(4) $-15a$

(5) $-4x-6$　(6) $-4a+2$

(7) $12y-8$　(8) $-15x-5$

解き方 (1) $3x\times(-5)=3\times(-5)\times x=-15x$

(2) $(-4a)\times(-1.5)=(-4)\times(-1.5)\times a$
$=6a$

(3) $-4b\div12=-(4\div12)\times b=-\frac{1}{3}b$

$-\frac{b}{3}$ としてもよい。

(4) $12a\div\left(-\frac{4}{5}\right)=-12\times\frac{5}{4}\times a=-15a$

(5) $(2x+3)\times(-2)=2x\times(-2)+3\times(-2)$
$=-4x-6$

(6) $(-32a+16)\div8=(-32)\times\frac{1}{8}\times a+16\times\frac{1}{8}$
$=-4a+2$

(7) $12\times\dfrac{3y-2}{3}=4\times(3y-2)$

$=12y-8$

(8) $\dfrac{3x+1}{4}\times(-20)=-5\times(3x+1)$

$=-15x-5$

5 (1) $4x+11$　(2) $x+9$

(3) $-18x+15$　(4) $9x-\dfrac{31}{6}$

解き方 (1) $3(2x+3)+2(-x+1)=6x+9-2x+2$

$=6x-2x+9+2$

$=4x+11$

(2) $4(4x-3)-3(5x-7)=16x-12-15x+21$

$=16x-15x+21-12$

$=x+9$

(3) $12\left(-\dfrac{2}{3}x+\dfrac{1}{2}\right)-15\left(\dfrac{2}{3}x-\dfrac{3}{5}\right)$

$=12\times\left(-\dfrac{2}{3}\right)\times x+12\times\dfrac{1}{2}-15\times\dfrac{2}{3}\times x+15\times\dfrac{3}{5}$

$=-8x+6-10x+9$

$=-8x-10x+6+9$

$=-18x+15$

(4) $\dfrac{1}{2}(6x-5)+\dfrac{2}{3}(9x-4)$

$=\dfrac{1}{2}\times 6x-\dfrac{1}{2}\times 5+\dfrac{2}{3}\times 9x-\dfrac{2}{3}\times 4$

$=3x-\dfrac{5}{2}+6x-\dfrac{8}{3}$

$=3x+6x-\dfrac{15}{6}-\dfrac{16}{6}$

$=9x-\dfrac{31}{6}$

6 $(6n-2)$ cm

解き方 1 番目，2 番目，3 番目，…の図形の周の長さを表にまとめると，下のようになる。

n　(番目)	1	2	3	4	…
周の長さ(cm)	4	10	16	22	…

表より，n が 1 増えると周の長さは 6 cm ずつ増えるから，周の長さは，

$4+(n-1)\times 6=6n-2$(cm)

別解

下の図の横の長さの和は n 番目の奇数 $(2n-1)$ を 2 倍にしたものである。

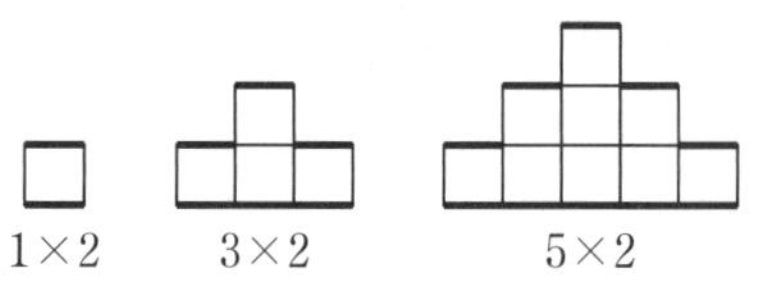

縦の長さの和は n の 2 倍になっているから，

$(2n-1)\times 2+n\times 2=6n-2$(cm)

7 (1) $2a+3b=c$

(2) $\dfrac{12a+13b}{25}=c$

(3) $(10b+a)-(10a+b)=36$

(4) $n-14x=3$

(5) $500-4x\geqq 200$

(6) $90x+30y<10000$

解き方 (2) 男子の合計点は $12a$ 点，女子の合計点は $13b$ 点となる。

(3) 十の位の数が a，一の位の数が b の整数は $10a+b$ となる。ab とならないことに注意。

(4) 14 人は x 個ずつ配られているから，最後の 1 人に配られたのは $(n-14x)$ 個である。

(6) 歩いた距離は $(90x+30y)$ m である。

「まだ着かない」は「歩いた距離が 10 km に満たない」という意味である。

p.18-19 Step 3

❶ (1) $-6a$ (2) $3(3x+4)$ (3) $\dfrac{5x-2}{4}$

(4) $-2a^3$ (5) $\dfrac{3x}{y}$ (6) $\dfrac{2a-b}{3}$

❷ (1) $3\times a-b\div 3$ (2) $x\times x-2\times y$

❸ (1) $\dfrac{10}{x}$ 時間 (2) $(1000-0.7a)$ 円

(3) $\dfrac{b-2a}{2}$ cm または $\left(\dfrac{b}{2}-a\right)$ cm (4) $5n+3$

❹ (1) 3 (2) -33 (3) 4 (4) $\dfrac{1}{6}$

❺ (1) $-4x$ (2) $5y+4$ (3) $6a-8$ (4) $-2x-2$

(5) $-6x+12$ (6) $4a-5b$ (7) $2y-23$

(8) $-10a+1$

❻ (1) $\dfrac{15}{2}x=y$ (2) $30a+40b=1000c$

(3) $3x+5y>1000$ (4) $2x-3<5y+10$

❼ (1) $a=15b$ (2) $a-15b=2$

(3) $a-14b=b-1$

解き方

❶ (2) 3 は（ ）の前に書く。$(3x+4)\times 3=3(3x+4)$

(3) 分数の形で書く。$(5x-2)\div 4=\dfrac{5x-2}{4}$

(4) 同じ文字の積は累乗の指数を使って表す。

$a\times a\times a\times(-2)=-2a^3$

(5) 除法は逆数の乗法で表す。

$x\times 3\div y=x\times 3\times\dfrac{1}{y}=\dfrac{3x}{y}$

(6) 分子をかっこでくくる必要はない。

$(a\times 2-b)\div 3=\dfrac{2a-b}{3}$

❷ (1) $3a-\dfrac{b}{3}=3\times a-b\div 3$

(2) $x^2-2y=x\times x-2\times y$

❸ (1) (道のり)÷(速さ)=(時間)

(2) 3 割引きは 7 割で買うことになる。

$\left(1000-\dfrac{7}{10}a\right)$ 円としてもよい。

(3) 縦が 2 本，横が 2 本あるから，

$(b-2a)\div 2=\dfrac{b-2a}{2}$

(4) $5n$ は 5 でわり切れるから，それより 3 大きい。

❹ (1) $12+3\times(-3)=12-9=3$

(2) $-2\times(-3)^2+5\times(-3)=-18-15=-33$

(3) $2\times(-3)+5\times 2=-6+10=4$

(4) $\dfrac{1}{-3}+\dfrac{1}{2}=\dfrac{1}{2}-\dfrac{1}{3}=\dfrac{3}{6}-\dfrac{2}{6}=\dfrac{1}{6}$

❺ (1) $5x-9x=-4x$

(2) $-2y+4+7y=7y-2y+4=5y+4$

(3) $(8a-5)+(-2a-3)=8a-5-2a-3$

$=8a-2a-5-3=6a-8$

(4) $(3x-4)-(5x-2)=3x-4-5x+2$

$=3x-5x+2-4$

$=-2x-2$

(5) $-5(1.2x-2.4)=-5\times 1.2x+5\times 2.4$

$=-6x+12$

(6) $\dfrac{1}{6}(24a-30b)=\dfrac{1}{6}\times 24a-\dfrac{1}{6}\times 30b$

$=4a-5b$

(7) $4(3y-2)-5(2y+3)=12y-8-10y-15$

$=12y-10y-8-15=2y-23$

(8) $\dfrac{1}{3}(-12a+15)-\dfrac{2}{5}(15a+10)$

$=\dfrac{1}{3}\times(-12a)+\dfrac{1}{3}\times 15-\dfrac{2}{5}\times 15a-\dfrac{2}{5}\times 10$

$=-4a+5-6a-4=-4a-6a+5-4$

$=-10a+1$

❻ (1) (三角形の面積)=(底辺)×(高さ)÷2

(2) (道のり)=(速さ)×(時間)

km は m に換算する。

(3)「…をこえる」は「…より大きい」と同じ意味である。「…買うと」の前が左辺，後が右辺になる。

(4)「…は」の前が左辺，後が右辺になる。

「…より小さい」は＜を用いる。

❼ (1) 15 人に配ったキャンディーの合計は $15b$ 個である。

(2) 余りの数は，もとの数から配った数をひいたものである。

(3) 14 人は b 個ずつ配られている。最後の 1 人は $(b-1)$ 個である。

4章 方程式

1節 方程式とその解き方

p.21-22 Step 2

❶ ④

解き方 $x=-3$ を代入して，左辺と右辺の値を比較する。

① (左辺)$=9-2\times(-3)=15$
(右辺)$=14$

② (左辺)$=2\times(-3)-3=-9$
(右辺)$=3\times(-3)+1=-8$

③ (左辺)$=5-2\times(-3)=11$
(右辺)$=4\times(-3)+30=18$

④ (左辺)$=5\times(-3)-3=-18$
(右辺)$=7\times(-3)+3=-18$

❷ (1) $x=-3$，㋑　(2) $x=7$，㋐
(3) $x=-12$，㋒　(4) $x=4$，㋓

解き方 (1) 両辺から 8 をひく。
(2) 両辺に 4 を加える。
(3) 両辺に 6 をかける。
(4) 両辺を 12 でわる。
(1)は，両辺に -8 を加える，(2)は，両辺から -4 をひく，(3)は，両辺を $\frac{1}{6}$ でわる，(4)は，両辺に $\frac{1}{12}$ をかける，と考えることもできるが，できるだけ簡単な表現になるものを選ぶ。

❸ (1) $x=5$　(2) $x=-3$
(3) $x=3$　(4) $x=14$
(5) $x=-\frac{1}{2}$　(6) $x=-4$
(7) $x=-\frac{2}{3}$　(8) $x=-\frac{3}{2}$

解き方 (1) $3x-6=9$
$3x=15$
$x=5$

(2) $7-4x=19$
$-4x=12$
$x=-3$

(3) $4x-3=9x-18$
$4x-9x=-18+3$
$-5x=-15$
$x=3$

(4) $6x+16=2x+72$
$6x-2x=72-16$
$4x=56$
$x=14$

(5) $x-3=-x-4$
$x+x=-4+3$
$2x=-1$
$x=-\frac{1}{2}$

(6) $11-4x=3-6x$
$-4x+6x=3-11$
$2x=-8$
$x=-4$

(7) $5x+3=11x+7$
$5x-11x=7-3$
$-6x=4$
$x=-\frac{2}{3}$

(8) $8-3x=14+x$
$-3x-x=14-8$
$-4x=6$
$x=-\frac{3}{2}$

❹ (1) $x=4$　(2) $x=-3$
(3) $x=-6$　(4) $x=7$
(5) $x=5$　(6) $x=3$

解き方 (1) $x+2=3(x-2)$
$x+2=3x-6$
$x-3x=-6-2$
$-2x=-8$
$x=4$

(2) $6-4(x-3)=-10x$
$6-4x+12=-10x$
$-4x+10x=-18$
$6x=-18$
$x=-3$

(3) $5(x+3)=2x-3$

$5x+15=2x-3$

$5x-2x=-3-15$

$3x=-18$

$x=-6$

(4) $-x-(12-7x)=30$

$-x-12+7x=30$

$6x=42$

$x=7$

(5) $2x+3(2x-11)=7$

$2x+6x-33=7$

$8x=40$

$x=5$

(6) $-3(3-x)=8-2(3x-5)$

$-9+3x=8-6x+10$

$3x+6x=8+10+9$

$9x=27$

$x=3$

5 (1) $x=5$　(2) $x=\frac{13}{10}$

(3) $x=-4$　(4) $x=2$

(5) $x=\frac{9}{2}$　(6) $x=10$

解き方 (1) $2.4x-2=1.6x+2$

両辺に 10 をかけると,

$24x-20=16x+20$

$8x=40$

$x=5$

(2) $1.6x+0.34=2.8x-1.22$

両辺に 100 をかけると,

$160x+34=280x-122$

$160x-280x=-122-34$

$-120x=-156$

$x=\frac{13}{10}$

(5) $1.6(0.5x+1.5)=1.4x-0.3$

両辺に 10 をかけると,

$16(0.5x+1.5)=14x-3$

$8x+24=14x-3$

$-6x=-27$

$x=\frac{9}{2}$

(6) $10-1.4x=2-0.3(x+10)$

両辺に 10 をかけると,

$100-14x=20-3(x+10)$

$100-14x=20-3x-30$

$-11x=-110$

$x=10$

6 (1) $x=12$　(2) $x=-\frac{4}{5}$

(3) $x=8$　(4) $x=6$

(5) $x=6$　(6) $x=8$

解き方 (1) $\frac{2}{3}x-2=\frac{1}{2}x$

両辺に 6 をかけると,

$4x-12=3x$

$4x-3x=12$

$x=12$

(2) $\frac{3}{2}x-3=\frac{1}{4}x-4$

両辺に 4 をかけると,

$6x-12=x-16$

$6x-x=-16+12$

$5x=-4$

$x=-\frac{4}{5}$

(4) $\frac{x-2}{4}=\frac{x-1}{5}$

両辺に 20 をかけると,

$5(x-2)=4(x-1)$

$5x-10=4x-4$

$5x-4x=-4+10$

$x=6$

(6) $\frac{2x-7}{3}=3-\frac{8-x}{4}$

両辺に 12 をかけると,

$4(2x-7)=36-3(8-x)$

$8x-28=36-24+3x$

$8x-3x=12+28$

$5x=40$

$x=8$

▶ 本文 p.24-25

2節 方程式の活用

p.24-25 Step 2

❶ $a=6$

解き方 $5x-3a=10-2x$ に $x=4$ を代入すると，

$$\begin{aligned}20-3a&=10-8\\-3a&=2-20\\-3a&=-18\\a&=6\end{aligned}$$

❷ (1) $350x+300=400x-800$

(2) クラスの人数　22 人

クラス会の費用 8000 円

(3) $\dfrac{x-300}{350}=\dfrac{x+800}{400}$

解き方 (1) クラスの人数を x 人とする。350 円ずつ集めると，合計金額は $350x$ 円で，300 円足りないから，クラス会の費用は $(350x+300)$ 円である。また，400 円ずつ集めると，合計金額は $400x$ 円で，800 円余るから，クラス会の費用は $(400x-800)$ 円である。

したがって，$350x+300=400x-800$

(2) この方程式を解くと，

$$\begin{aligned}350x+300&=400x-800\\350x-400x&=-800-300\\-50x&=-1100\\x&=22\text{(人)}\end{aligned}$$

クラス会の費用は，$400\times22-800=8000$(円)

(3) 350 円ずつ集めると，合計金額は $(x-300)$ 円になるから，生徒の人数は $\dfrac{x-300}{350}$ 人と表すことができる。

また，400 円ずつ集めると，合計金額は $(x+800)$ 円となるから，生徒の人数は，$\dfrac{x+800}{400}$ 人とも表すことができる。

したがって，方程式は

$\dfrac{x-300}{350}=\dfrac{x+800}{400}$ となる。

❸ (1) $260x=60(x+10)$

(2) 8 時 13 分　　(3) 780 m

解き方 (1) 兄が進んだ距離は $260x$ m である。妹は兄より 10 分長く歩いているから，妹が進んだ距離は $60(x+10)$ m になる。

したがって，$260x=60(x+10)$

(2) $260x=60(x+10)$

両辺を 10 でわって，

$$\begin{aligned}26x&=6(x+10)\\26x&=6x+60\\20x&=60\\x&=3\text{(分後)}\end{aligned}$$

したがって，8 時 13 分

(3) $260\times3=780$(m)

参考 追いつくまでに進んだ距離を x m として，方程式をつくることもできる。

$$\frac{x}{260}=\frac{x}{60}-10$$

❹ 合金 A 50 g　　合金 B 150 g

解き方 合金 A を x g とすると，合金 A 中の銅の量は $0.8x$ g である。また，合金 B 中の銅の量は $0.4(200-x)$ g である。したがって，

$$\begin{aligned}0.8x+0.4(200-x)&=200\times0.5\\8x+4(200-x)&=200\times5\\4x&=200\\x&=50\text{(g)}\ \cdots\ \text{合金 A}\end{aligned}$$

$200-50=150$(g) … 合金 B

❺ 大の数 23　　小の数 9

解き方 小の数を x とすると，大の数は $x+14$ となるから，$x+(x+14)=32$

これを解いて，$x=9$ … 小の数

大の数は，$9+14=23$

❻ (1) $\dfrac{3}{4}$　　(2) 2　　(3) $\dfrac{4}{3}$

解き方 比の前の数を後ろの数でわったものが比の値である。

(1) $9\div12=\dfrac{9}{12}=\dfrac{3}{4}$

(2) $16\div8=2$

(3) $\dfrac{48}{10}\div\dfrac{36}{10}=\dfrac{48}{10}\times\dfrac{10}{36}=\dfrac{4}{3}$

7 (1) $x=9$　　(2) $x=4$

(3) $x=4$　　(4) $x=\frac{1}{4}$

(5) $x=6$　　(6) $x=9$

解き方 $a:b=c:d$ のとき，$ad=bc$ が成り立つ。

(1) $3:8=x:24$

$8x=3\times24$

$x=9$

(2) $x:5=16:20$

$20x=5\times16$

$x=4$

(3) $36:48=3:x$

$36x=48\times3$

$x=4$

(4) $\frac{1}{3}:4=x:3$

$4x=\frac{1}{3}\times3$

$x=\frac{1}{4}$

(5) $(x+2):12=2:3$

$3(x+2)=12\times2$

$x+2=8$

$x=6$

(6) $1.6:4.8=3:x$

$1.6x=4.8\times3$

両辺に 10 をかけて

$16x=48\times3$

$x=9$

参考 $a:b$ の比の値は，$\frac{a}{b}$ であるが，

$\frac{a}{b}=\frac{ka}{kb}$ であるから，$a:b=ka:kb$

同様にして，$a:b=\frac{a}{m}:\frac{b}{m}$　$(m\neq0)$

つまり，比には「比の前の数，後の数に同じ数をかけても，同じ数でわっても比は変わらない。」という性質がある。この性質を使うと，比例式は簡単に解くことができる。

例えば，(1)では，$3:8=3\times3:8\times3=9:24$ であるから，$x=9$ となる。実際の計算では，後の数に着目して，$24\div8=3$ より，前の数も 3 倍すればよい。

(2)では，$20\div5=4$ であるから，$x=16\div4=4$

8 20 g

解き方 (水の量):(食塩の量) を等しくすれば，濃さが同じになる。

$250:50=350:(50+x)$

$250(50+x)=50\times350$

両辺を 250 でわると，

$50+x=70$

$x=20$(g)

別解 $250:50=100:x$ として求めてもよい。

別解 食塩水の濃度を求める公式を使って解いてもよい。

$$(\text{食塩水の濃度})=\frac{(\text{食塩の量})}{(\text{水の量})+(\text{食塩の量})}\times100$$

$$\frac{50}{250+50}\times100=\frac{50+x}{350+(50+x)}\times100$$

両辺を 100 でわってから，分母をはらうと，

$50(400+x)=300(50+x)$

両辺を 50 でわって，

$400+x=6(50+x)$

$400+x=300+6x$

$x-6x=300-400$

$-5x=-100$

$x=20$

なお，$\frac{50}{250+50}\times100=\frac{x}{100+x}\times100$

という方程式をつくってもよい。

9 A の所持金 5000 円　　B の所持金 3000 円

解き方 B が使った金額を x 円とすると，B の現在の所持金は $(4500-x)$ 円である。A が使った金額は $2x$ 円だから，A の現在の所持金は，$(8000-2x)$ 円である。したがって，

$(8000-2x):(4500-x)=5:3$

$5(4500-x)=3(8000-2x)$

$22500-5x=24000-6x$

$-5x+6x=24000-22500$

$x=1500$

$8000-1500\times2=5000$(円) … A

$4500-1500=3000$(円) … B

p.26-27 Step 3

❶ ㋒

❷ ① ㋐　② ㋓

❸ (1) $x=3$　(2) $y=2$　(3) $x=\frac{4}{5}$

(4) $x=3$　(5) $y=-4$　(6) $x=\frac{3}{2}$

❹ (1) $x=\frac{12}{5}$　(2) $x=\frac{7}{2}$　(3) $x=80$　(4) $x=36$

❺〔式〕$\frac{x}{60}-\frac{x}{80}=10$　〔距離〕2400 m

❻〔式〕$1.3x-1000=1.1x$　〔仕入れ値〕5000 円

❼ (1) $0.08x-0.05(155-x)=2$

(2) $x=75$　(3)〔男〕81 人　〔女〕76 人

❽〔式〕$(12+x):(42+x)=2:5$　〔答〕8 年後

解き方

❶ $x=-3$ を代入して，左辺の値と右辺の値を比較する。

㋐ (左辺)$=2\times(-3)+5=-1$　　(右辺)$=1$

㋑ (左辺)$=8-3\times(-3)=17$

(右辺)$=15-(-3)=18$

㋒ (左辺)$=4\times(-3)+13=1$

(右辺)$=2\times(-3)+7=1$

❷ ① 両辺に 7 を加える。⇒　㋐

両辺から -7 をひく，として㋑とすることもできるが，計算式が簡潔な方にする。

② 両辺を 3 でわる。⇒　㋓

❸ (4) $2.3x-4.2=1.1x-0.6$

$23x-42=11x-6$

$23x-11x=-6+42$

$12x=36$

$x=3$

(5) $\frac{5y+2}{3}=\frac{7y-2}{5}$

$5(5y+2)=3(7y-2)$

$25y+10=21y-6$

$25y-21y=-6-10$

$4y=-16$

$y=-4$

❹ (2) $3:8=(x-2):4$

$8(x-2)=3\times4$

$x-2=\frac{3}{2}$

$x=\frac{7}{2}$

❺ A 地点から B 地点までの距離を x m とすると，

$\frac{x}{60}-\frac{x}{80}=10$

両辺に 240 をかけると，

$4x-3x=2400$

$x=2400$

❻ 仕入れ値を x 円とすると，定価は $1.3x$ 円になる。利益が仕入れ値の 1 割だから，売値は仕入れ値の 1 割増しの $1.1x$ 円になる。

したがって，

$1.3x-1000=1.1x$

$1.3x-1.1x=1000$

$0.2x=1000$

$x=5000$

❼ 昨年度の男子の入学者数を x 人とすると，昨年度の女子の入学者数は $(155-x)$ 人となる。

(1) 今年度の入学者数で，男子が増えた人数は，$0.08x$ 人であり，女子が減った人数は，$0.05(155-x)$ 人であるから，

$0.08x-0.05(155-x)=2$

なお，$1.08x+0.95(155-x)=155+2$

という方程式をつくってもよい。

(2) $0.08x-0.05(155-x)=2$

両辺に 100 をかけて，

$8x-5(155-x)=200$

$8x-775+5x=200$

$13x=975$

$x=75$

(3) $75\times1.08=81$(人)…男子

$(155-75)\times0.95=76$(人)…女子

❽ x 年後のまさとさんは $(12+x)$ 歳，お父さんは $(42+x)$ 歳であるから，

$(12+x):(42+x)=2:5$

$5(12+x)=2(42+x)$

$60+5x=84+2x$

$5x-2x=84-60$

$3x=24$

$x=8$

5章 比例と反比例

1節 関数

2節 比例

p.29-30 Step 2

❶ (1) × (2) ○ (3) ○ (4) ×

解き方 (1) 周の長さが決まっても，底辺の長さや高さが決まるわけではないので，三角形の面積は定まらない。

(2) $y=60x$ と表すことができ，x の値が決まれば，y の値がただ1つ決まる。

(3) $y=1000-x$ と表すことができ，x の値が決まれば，y の値がただ1つ決まる。

(4) 同じ身長でも体重はさまざまである。

❷ $-2<x\leqq 4$

❸ (1)

x	-8	-6	-4	-2	0	2	4	6	8
y	2	$\frac{3}{2}$	1	$\frac{1}{2}$	0	$-\frac{1}{2}$	-1	$-\frac{3}{2}$	-2

(2) $-\frac{3}{2}\leqq y\leqq 2$

(3) $x=-3$

解き方 (1) $\left(-\frac{1}{2}\right)\div 2=-\frac{1}{4}$ したがって，x の値に $-\frac{1}{4}$ をかければよい。

(2) $x=-8$ のとき，$y=2$

$x=6$ のとき，$y=-\frac{3}{2}$

したがって，$-\frac{3}{2}\leqq y\leqq 2$

注 変域を表すときには，ふつう $2\geqq y\geqq -\frac{3}{2}$ とは書かない。

❹ (1) $y=-\frac{3}{2}x$

(2) $-\frac{3}{2}$

(3) $x=10$

(4) $-3\leqq y\leqq \frac{9}{2}$

解き方 (1) y が x に比例するときは，$y=ax$ とおくことができる。$x=-2$，$y=3$ を代入すると，

$3=-2a$

これから，$a=-\frac{3}{2}$

したがって，$y=-\frac{3}{2}x$

(2) $y=ax$ の式において，a が比例定数である。

(3) $y=-\frac{3}{2}x$ において，$y=-15$ を代入する。

$-15=-\frac{3}{2}x$

これを解いて，$x=10$

(4) $x=-3$ のとき，$y=-\frac{3}{2}\times(-3)=\frac{9}{2}$

$x=2$ のとき，$y=-\frac{3}{2}\times 2=-3$

したがって，y の変域は，$-3\leqq y\leqq \frac{9}{2}$

❺ (1) A (3, 2)

B (0, 4)

C (−1, 2)

D (−4, −4)

E (4, −1)

(2)

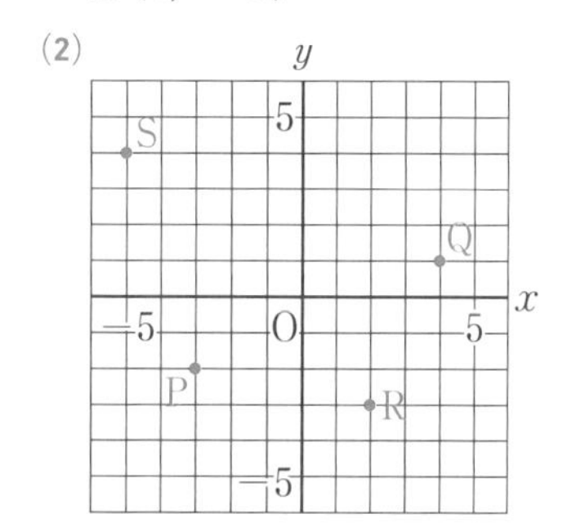

解き方 A (3, 2) は，原点から x 軸の正の方向に3進み，そこから y 軸の正の方向に2進んだところにある点を表している。

▶ 本文 p.30

❻ (1) B $(2,\ 3)$
(2) C $(-2,\ -3)$
(3) D $(-2,\ 3)$

解き方 (1) x 軸について対称とは，x 軸について線対称であることであり，対称な点は，x 座標は変わらず，y 座標の符号が反対になる。
つまり，点 $(a,\ b)$ の x 軸について対称な点は，
点 $(a,\ -b)$ になる。
(2) y 軸について対称な点は，y 座標は変わらず，x 座標の符号が反対になる。
つまり，点 $(a,\ b)$ の y 軸について対称な点は，
点 $(-a,\ b)$ になる。
(3) 原点について対称とは，原点に関して点対称ということであり，原点のまわりに 180° 回転することである。x 座標も y 座標も符号が反対になる。
つまり，点 $(a,\ b)$ の原点について対称な点は
$(-a,\ -b)$ になる。

❼ (1) $y=-2x$
(2) $y=5x$
(3) $y=-\dfrac{1}{2}x$

解き方 (1) $y=ax$ とおく。$x=2$，$y=-4$ を代入すると，
$-4=2a$
これを解いて，$a=-2$
したがって，$y=-2x$
(2) 比例のグラフは必ず原点を通るから，原点O $(0,\ 0)$ から x 座標が 1 増加すると，y 座標が 5 増加すると考える。すなわち，グラフは点 $(1,\ 5)$ を通る。
$y=ax$ において，$x=1$，$y=5$ を代入すると，
$5=a$
したがって，$y=5x$
(3) (2)と同様に考えて，グラフは点 $(6,\ -3)$ を通る。
$y=ax$ において，$x=6$，$y=-3$ を代入すると，
$-3=6a$
これを解いて，$a=-\dfrac{1}{2}$
したがって，$y=-\dfrac{1}{2}x$

❽ (1) ① $y=\dfrac{2}{3}x$
② $y=4x$
③ $y=-x$
(2)

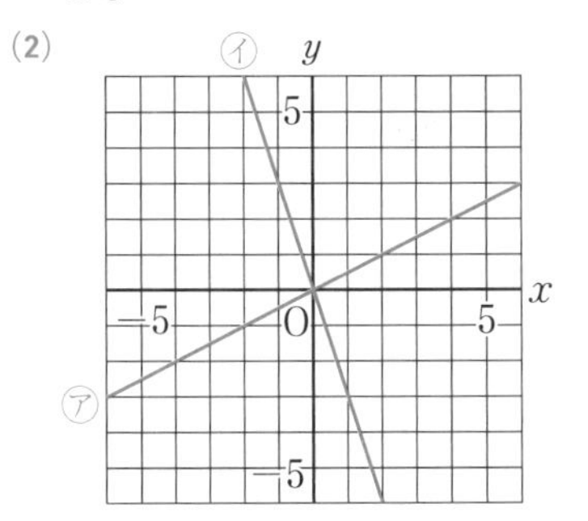

解き方 (1) 原点を通る直線のグラフは比例の関係を表すから，$y=ax$ とおく。次に，x 座標も y 座標も整数である点を選び，x，y の値を代入して，a の値を求める。
① $y=ax$ とおく。点 $(3,\ 2)$ を通るから，
$2=3a$
これを解いて，$a=\dfrac{2}{3}$
したがって，$y=\dfrac{2}{3}x$
② $y=ax$ とおく。点 $(1,\ 4)$ を通るから，
$4=a$
したがって，$y=4x$
③ $y=ax$ とおく。点 $(-2,\ 2)$ を通るから，
$2=-2a$
これを解いて，$a=-1$
したがって，$y=-x$
(2) 比例のグラフをかくときは，原点ともう 1 つの点を選び，その 2 点を通る直線をひく。原点以外の点は，x 座標，y 座標がともに整数である点を選ぶ。このとき，できるだけ原点から離れた点を選ぶと，直線をひいたときのぶれが少なくなる。
㋐ $x=6$ のとき，$y=\dfrac{1}{2}\times6=3$ であるから，
点 $(6,\ 3)$ を通る。
㋑ $x=2$ のとき，$y=-3\times2=-6$ であるから，
点 $(2,\ -6)$ を通る。

3節 反比例

4節 比例と反比例の活用

p.32-33 **Step 2**

❶ (1) $y=x^2$

(2) $y=\dfrac{3000}{x}$ ○

(3) $y=5(x+10)$

(4) $y=\dfrac{2}{3}x$

解き方 y が x に反比例するときは，$y=\dfrac{a}{x}$ と表すことができる。あるいは，積 xy が一定になる。

(2) $xy=3000$ より $y=\dfrac{3000}{x}$ であり，反比例の関係である。

(4)は $y=ax$ と表すことができるので比例の関係である。(1)(3)は，比例でも反比例でもない。

❷ (1) ㋒ $y=3x$

(2) ㋑ $y=-\dfrac{24}{x}$

解き方 (1) y が x に比例するときは，$x \neq 0$ の場合，商 $\dfrac{y}{x}$ が一定になり，この商が比例定数になる。

㋒では，$x=0$ の場合を除き，$\dfrac{y}{x}=3$ になっている。

したがって，$y=3x$ である。

(2) 反比例の式が $y=\dfrac{a}{x}$ と表されることから，$x=0$ のとき，y の値は存在しない。このことから，$x=0$ のときに y が値をもたないものをまず選択する。次に，積 xy が一定になっているかどうかを確かめる。㋑では，$x=0$ のときに y が値をもたず，また，$x \neq 0$ のとき，x と y の積は常に -24 になっている。したがって，

$xy=-24$

これより，$y=-\dfrac{24}{x}$

なお，㋐は和が一定で，$x+y=12$ が成り立つ。

したがって，$y=12-x$

また，㋓では，$x=0$ のとき $y=4$ であり，x が 1 増加すると y が 2 増加することから，

$y=2x+4$

になる。

❸ (1) $y=-\dfrac{36}{x}$

(2) $y=\dfrac{1}{2}$

解き方 (1) $y=\dfrac{a}{x}$ とおく。

$x=12$ のとき $y=-3$ だから，

$-3=\dfrac{a}{12}$

これから，$a=-36$

したがって，$y=-\dfrac{36}{x}$

(2) $y=-\dfrac{36}{x}$ において，$x=-72$ とおくと，

$y=-\dfrac{36}{(-72)}=\dfrac{1}{2}$

❹ (1) $y=-\dfrac{2}{x}$

(2) $\left(-\dfrac{1}{6},\ 12\right)$

解き方 (1) 双曲線は反比例のグラフであるから，

$y=\dfrac{a}{x}$ とおくことができる。

グラフは点 $(2,\ -1)$ を通るから，

$x=2$，$y=-1$ を代入して，

$-1=\dfrac{a}{2}$

これから，$a=-2$

したがって，$y=-\dfrac{2}{x}$

なお，x 座標，y 座標がともに整数であるような点であれば，どのような点を選んで代入してもよい。例えば，$(1,\ -2)$，$(-1,\ 2)$，$(-2,\ 1)$ などの点を代入してもよい。

(2) $y=-\dfrac{2}{x}$ において，$y=12$ とおくと，

$12=-\dfrac{2}{x}$

これから，$x=-\dfrac{1}{6}$

したがって，$\left(-\dfrac{1}{6},\ 12\right)$

▶ 本文 p.33

❺ (1) $y=\dfrac{240}{x}$

(2) 毎分 16 L

解き方 (1) 水そうの容積は,

$12\times20=240$(L) であるから

$xy=240$ より,

$y=\dfrac{240}{x}$

(2) $y=\dfrac{240}{x}$ において, $y=15$ とおいて,

$15=\dfrac{240}{x}$

これより, $x=16$(L/分)

❻ (1)

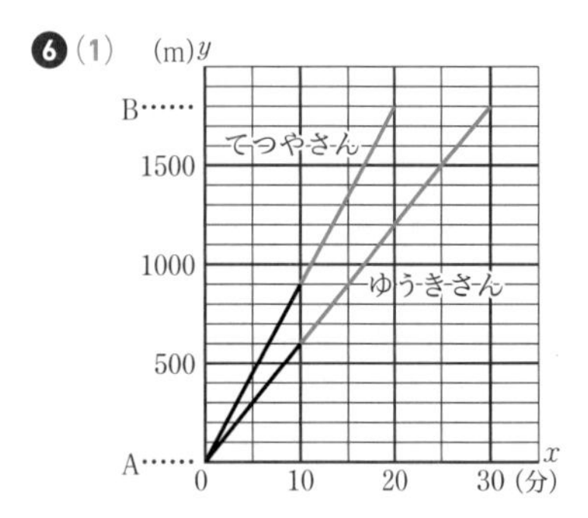

(2) $y=60x$

(3) x の変域 $0\leqq x\leqq30$

y の変域 $0\leqq y\leqq1800$

(4) 600 m

解き方 (1) 比例のグラフは原点を通る直線なので, ゆうきさん, てつやさんとも, $x\leqq10$ の変域のグラフに続けて $y=1800$ まで直線で結ぶ。

(2) 進んだ道のり y は時間 x に比例するから, $y=ax$ とおくことができる。

グラフから, ゆうきさんは 10 分間に 600 m 進んでいるので, $x=10$, $y=600$ を代入して,

$600=10a$

これを解いて, $a=60$

したがって, $y=60x$

(3) グラフから, ゆうきさんが B 地点に到着したのは A 地点を出発してから 30 分後である。

よって, x の変域は, $0\leqq x\leqq30$

また, A 地点と B 地点は 1800 m 離れているので,

y の変域は, $0\leqq y\leqq1800$

(4) グラフから, てつやさんが B 地点に到着したのは A 地点を出発してから 20 分後である。このとき, ゆうきさんは A 地点から 1200 m の地点にいることがグラフから読みとれるので,

$1800-1200=600$(m)

より, 2 人は 600 m 離れていることがわかる。

p.34-35 Step 3

❶ (1) $y=\frac{200}{x}$ × (2) $y=200-x$ △

(3) $y=\frac{500}{x}$ × (4) $y=5x$ ○

(5) $y=250x+50$ △

❷ (1) $y=-\frac{3}{2}x$ (2) $y=3x$

(3) $y=-\frac{6}{x}$ (4) $y=\frac{48}{x}$

❸ ① $y=\frac{2}{3}x$ ② $y=-\frac{4}{3}x$

③ $y=\frac{4}{x}$ ④ $y=-\frac{12}{x}$

❹ (1) $2 \leqq y \leqq 6$ (2) 減少する。

❺ (1) $y=\frac{600}{x}$ (2) 50 人

❻ (1) $y=18x$

(2) x の変域 $0 \leqq x \leqq 6$ y の変域 $0 \leqq y \leqq 108$

(3) 3.5 秒後

解き方

❶ $y=ax$ の形になれば比例の関係，$y=\frac{a}{x}$ の形になれば反比例の関係である。

(1) $xy=200$ であるから，$y=\frac{200}{x}$ ⇒反比例

(3) 5 m は cm に換算する必要がある。

$y=\frac{500}{x}$ ⇒反比例

(4) $y=x \times 10 \div 2$

$y=5x$ ⇒比例

❷ (1) $y=ax$ とおき，$x=-2$，$y=3$ を代入すると，

$3=-2a$ これから，$a=-\frac{3}{2}$

したがって，$y=-\frac{3}{2}x$

(4) $y=\frac{a}{x}$ とおき，$x=4$，$y=12$ を代入すると，

$12=\frac{a}{4}$ これから，$a=48$

したがって，$y=\frac{48}{x}$

❸ ① $y=ax$ とおき，$x=3$，$y=2$ を代入して，

a の値を求めると，$a=\frac{2}{3}$

② $y=ax$ とおき，$x=-3$，$y=4$ を代入して，

a の値を求めると，$a=-\frac{4}{3}$

③ $y=\frac{a}{x}$ とおき，$x=1$，$y=4$ を代入して，

a の値を求めると，$a=4$

④ $y=\frac{a}{x}$ とおき，$x=-3$，$y=4$ を代入して，

a の値を求めると，$a=-12$

❹ (1) $x=2$ のとき，$y=6$

$x=6$ のとき，$y=2$

したがって，$2 \leqq y \leqq 6$

(2) 例えば，x：-3 → -2 とすると，

y：-4 → -6

したがって，減少する。

❺ 1 人が 1 日にする仕事を 1 とすると，全体の仕事量は $20 \times 30=600$

(1) $xy=600$ より，$y=\frac{600}{x}$

❻ (1) 三角形 ABP の底辺は $\mathrm{BP}=2x$(cm)，

高さは $\mathrm{AC}=18$(cm)だから，面積 y(cm^2)は，

$y=2x \times 18 \div 2=18x$

(2) P が C に達する時間は，

$12 \div 2=6$(秒)

したがって，$0 \leqq x \leqq 6$

y は x に比例するから，$y=18x$ に $x=0$ を代入して，

$y=0$

$x=6$ を代入して，$y=108$

よって，$0 \leqq y \leqq 108$

(3) (1)より $y=18x$ だから，$y=63$ を代入して，

$63=18x$

これを解いて，$x=3.5$(秒後)

6章 平面図形

1節 平面図形の基礎

2節 作図

p.37-39 Step 2

❶ (1) 無数にひける

(2) 1本

解き方 両方に限りなくまっすぐな線が直線であり，下のように1点を通る直線は無数にひける。しかし，そのうち，2点を通る直線は1本しかひけない。

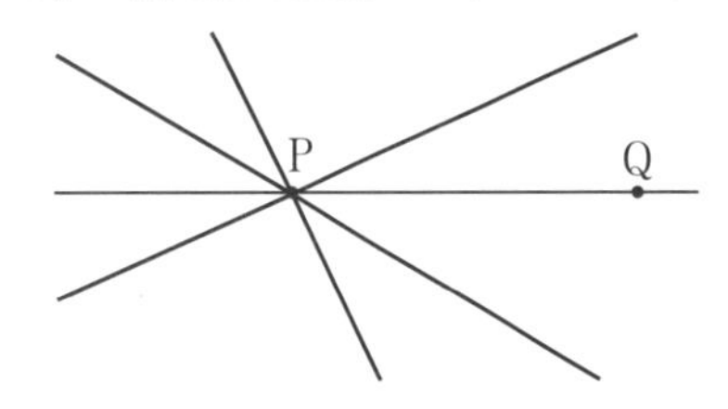

❷ (1) ∠ACD （または ∠DCA）

(2) ∠AOD （または ∠DOA）

解き方 角を表すには，1つの点から2つの半直線をひらいて下のようにかく。

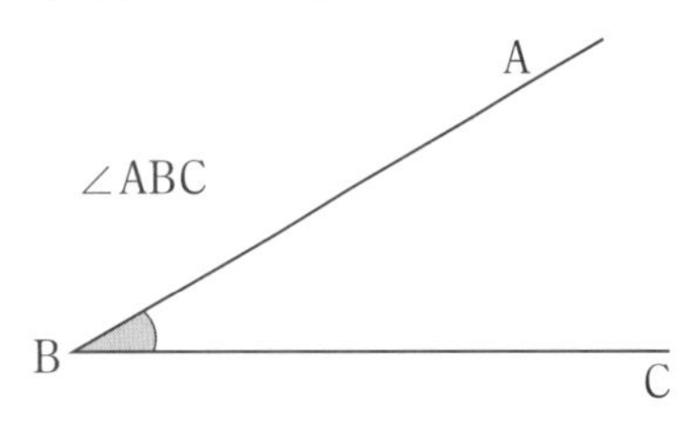

❸ AD∥BC

解き方 台形は1組の対辺が平行な四角形である。この台形は辺ADと辺BCが平行である。

❹ ㋒

解き方 2点A，Bを結ぶ線分の長さを，2点A，B間の距離という。したがって，2点間の距離を表しているのが㋒の線分である。

❺ 180°

解き方 右の図のように，弦ABが直径のとき，$\overset{\frown}{AB}$は半円の弧となり，中心角∠AOBは180°である。

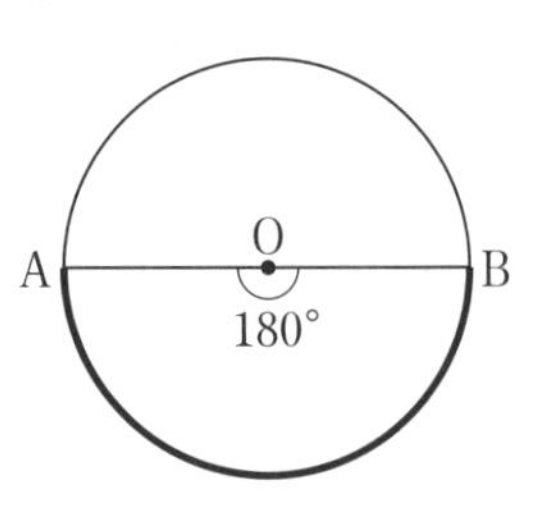

❻ (1)

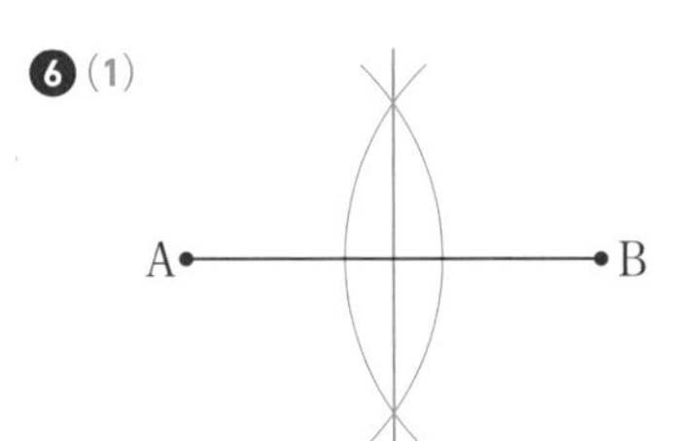

(2)

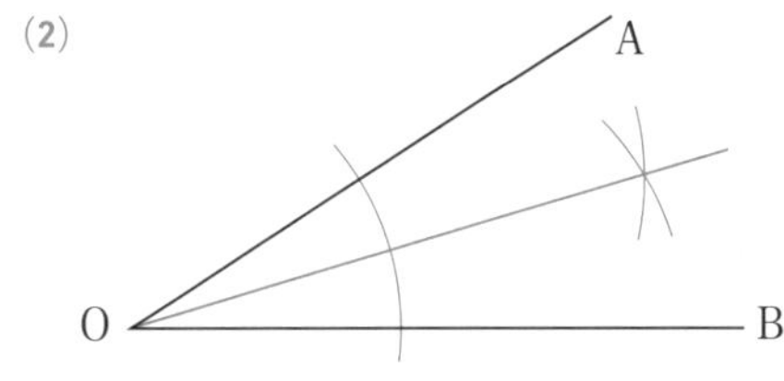

(3)

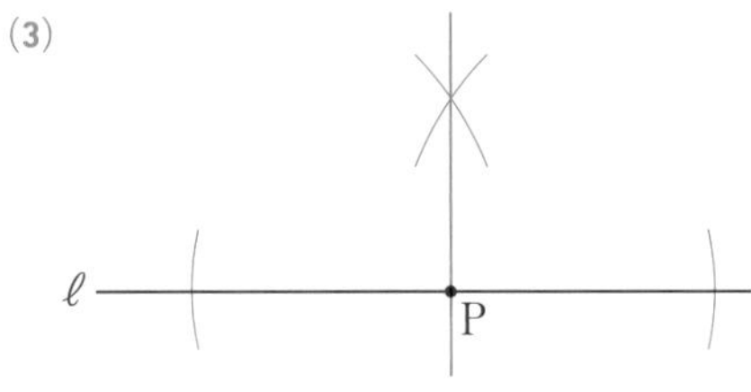

(4)

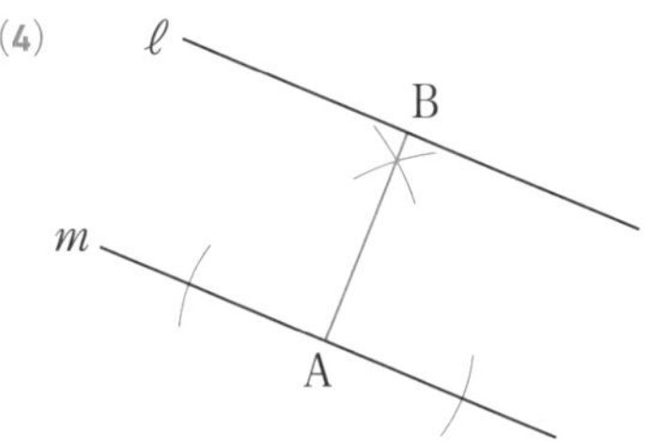

解き方 定規は直線や線分をひくためにだけ，コンパスは円をかいたり，線分の長さを移したりするためだけに使う。作図のために使った線は消さないで残しておくこと。

(1) 点Aと点Bを中心として円をかくとき，等しい半径ということに注意しよう。

(2) まず点Oを中心として円をかく。

(3) 点Pを中心とした円と ℓ との交点を中心に円をかくとき，等しい半径ということに注意しよう。

(4) 直線 m 上に点Aをとり，そこを通る垂線を作図する。直線 ℓ との交点をBとする。

❼

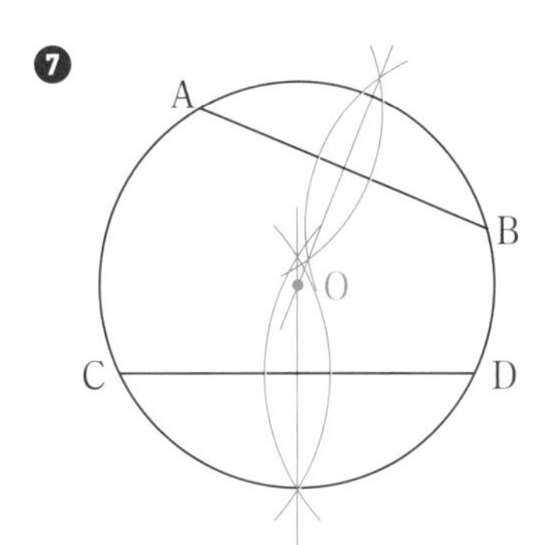

解き方 円の弦の垂直二等分線は，その円の中心を通るから，2 本の弦から垂直二等分線をひけば，その交点が円の中心ということになる。

❽ (1)

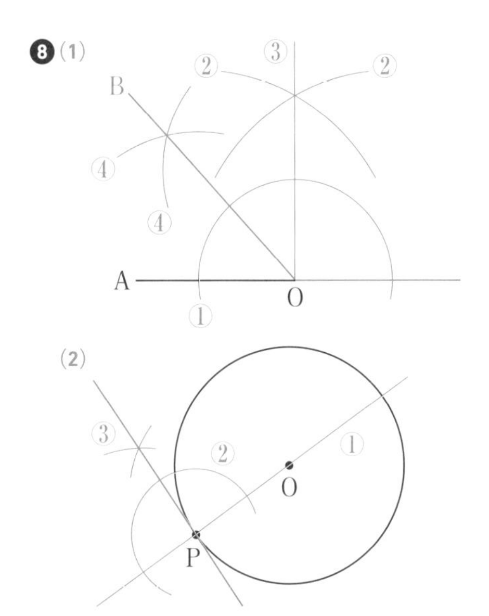

解き方 (1) 垂線で 90° をつくり，その角を 2 等分した直線 OB をつくる。

(2) 直線 OP をつくり，点 P を通る垂線をひく。

❾

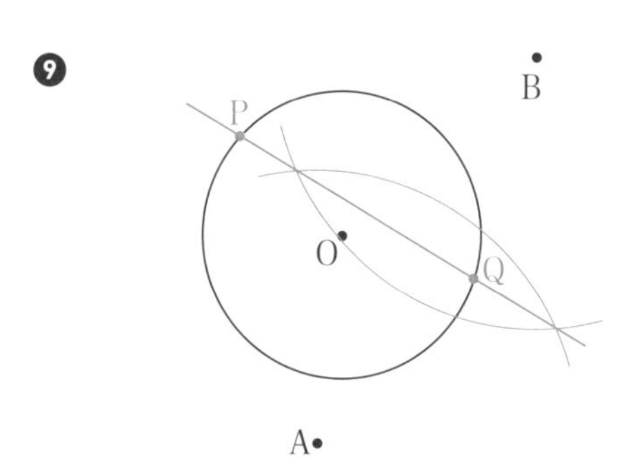

解き方 点 O から 5 cm 離れた点の集まりは，円 O である。2 点 A，B から等距離の点の集まりは，線分 AB の垂直二等分線である。よって，線分 AB の垂直二等分線と円 O の交点が 2 点 P，Q になる。

❿

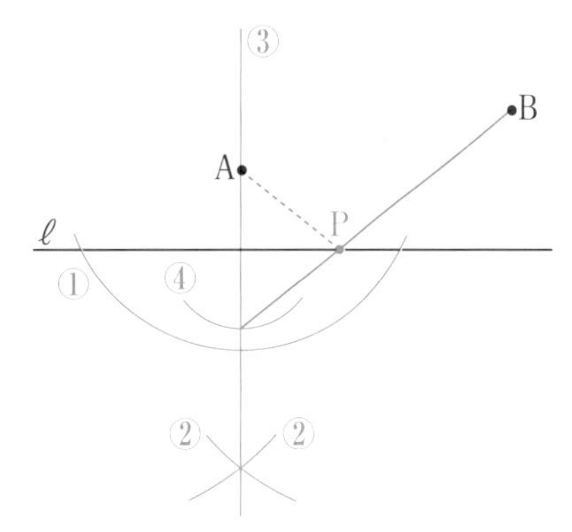

解き方 点 A の直線 ℓ について対称な点をとって結び，直線 ℓ との交点を求める。

⓫

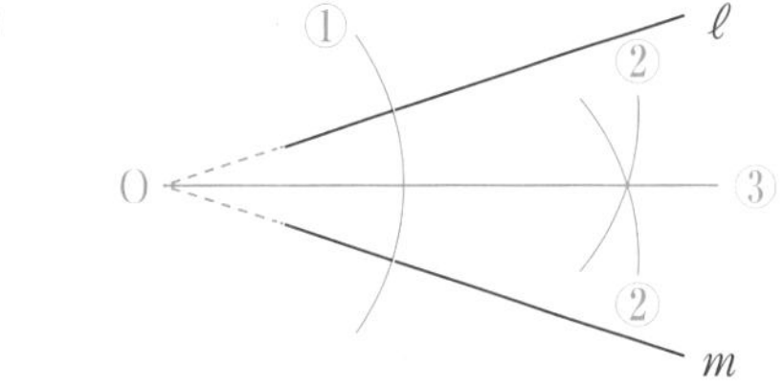

解き方 直線 ℓ，m の交点 O をとり，直線 ℓ と m が交わってできる角の二等分線をひく。

⓬

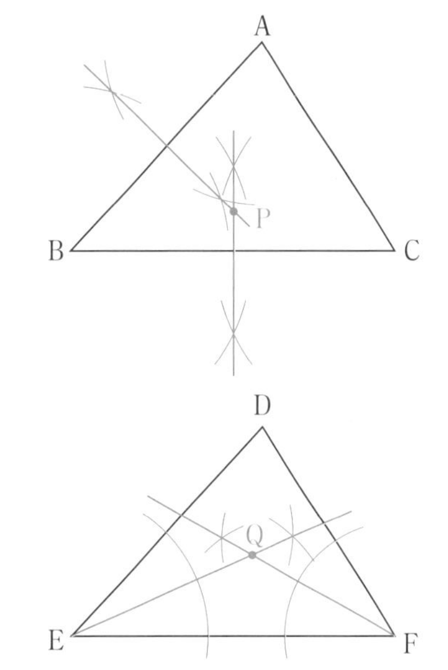

解き方 線分の両端の 2 点から等距離にある点は，線分の垂直二等分線上にある。

2 辺から等距離にある点は，角の二等分線上にある。

3節 図形の移動

p.41 Step 2

❶

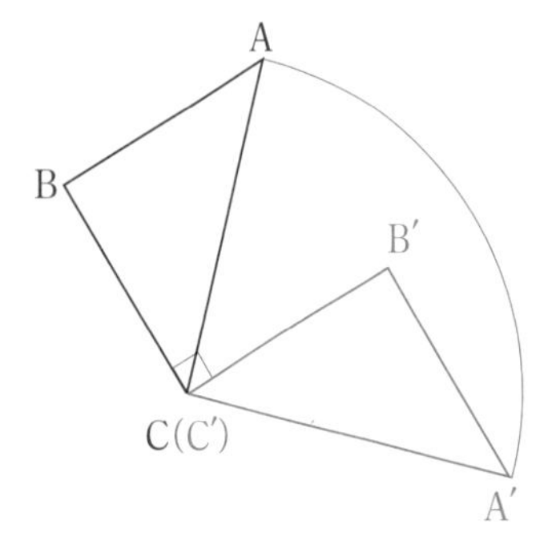

解き方 回転の中心はCだから，
∠BCB′=90°，BC=B′C　となる点B′と，
∠ACA′=90°，AC=A′C　となる点A′をとり，点A′，B′，Cを結んで△A′B′C′をつくる。

❷ 線分OO′の垂直二等分線

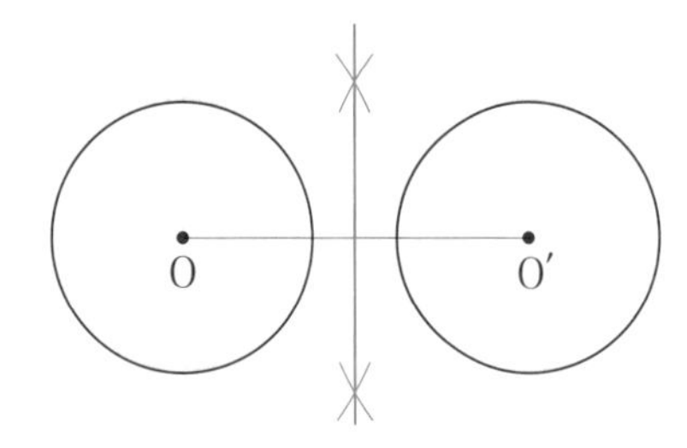

解き方 半径の等しい円なので，中心Oが対称の軸によって中心O′に重なればよい。
したがって，点OとO′を結んだ線分OO′の垂直二等分線が求める2つの円OとO′の対称の軸となる。

❸ (1) △COQ
(2) △ODR
(3) △OBQ，△OCR，△ODS
(4) △BOP

解き方 図形の移動とは，図形の形と大きさを変えないで，図形を他の位置に移すことをいう。

1 **平行移動**
図形を，一定の方向に，一定の距離だけずらす移動で，対応する2点を結ぶ線分は平行で長さが等しい。

2 **回転移動**
図形を，1つの点を中心として，決まった角度だけ回転させる移動で，中心とした点を回転の中心といい，回転の中心は，対応する2点から等しい距離にある。
また，対応する2点と回転の中心を結んでできる角はすべて等しい。

3 **対称移動**
図形を，1つの直線を折り目として折り返す移動で，折り目とした直線を対称の軸という。対称の軸は，対応する2点を結ぶ線分の垂直二等分線である。

(1) 一定の方向に，一定の距離なので，△OAPを点Aが点Oに重なるように移動すればよい。

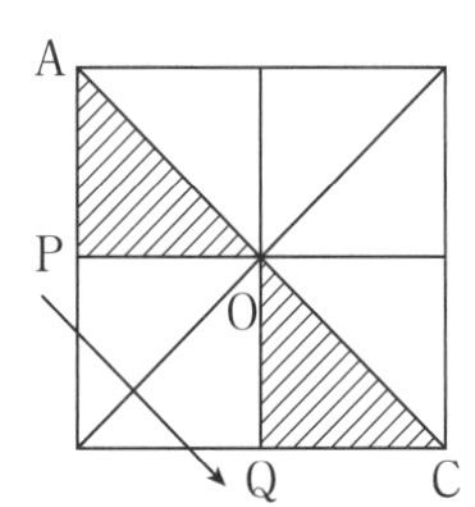

(2) 1つの直線を折り目として折り返す移動で，対称の軸であるSQの上に，対応する2点を結ぶ線分の中点がある。

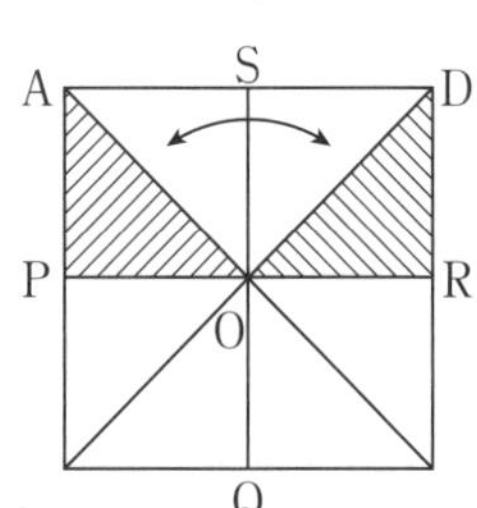

(3) 点Oを回転の中心として90°，180°，270°回転移動すると，重なる三角形がある。
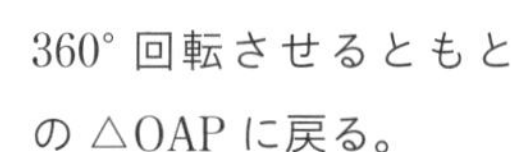
360°回転させるともとの△OAPに戻る。

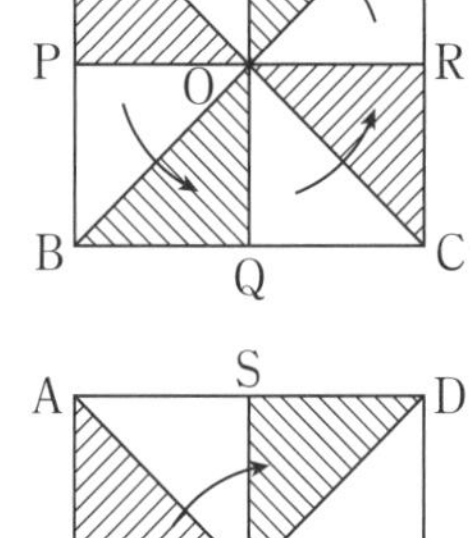

(4) 点Oを回転の中心として時計の針の回転と同じ向きに90°回転移動させると，△ODSと重なる。
その三角形を平行移動し，点Dが点Oに重なるように移動すればよい。

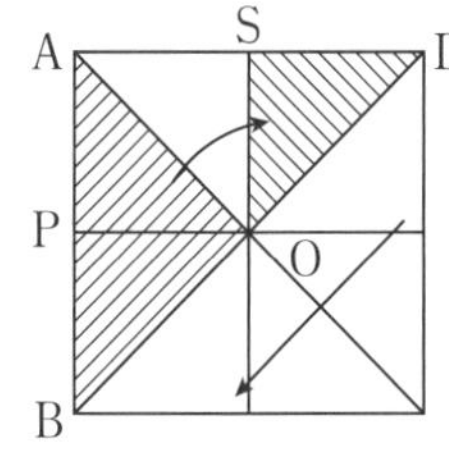

4節 円とおうぎ形の計量

p.43 **Step 2**

❶ (1) 周の長さ 10π cm

(2) 面積　25π cm^2

解き方 円周率は，円周の直径に対する割合で，小学校でおよそ 3.14 などとして計算してきた。中学校では，円周率をギリシャ文字 π で表すことにする。

円の半径を r，周の長さを ℓ，面積を S とすると，

$\ell=2\pi r$

$S=\pi r^2$

で表せる。

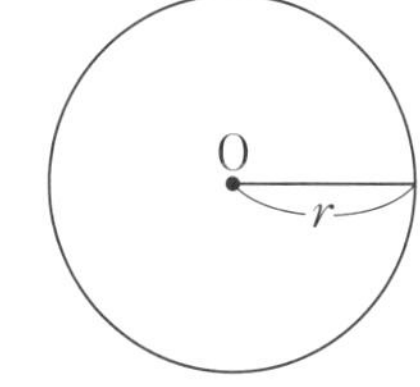

❷ (1) $\dfrac{1}{5}$ 倍　(2) $\dfrac{1}{3}$ 倍　(3) $\dfrac{1}{8}$ 倍

解き方 1つの円で，おうぎ形の面積は，中心角の大きさに比例する。

(1) 中心角が 72° だから求める円の面積との関係は，

$\dfrac{72}{360}=\dfrac{1}{5}$ である。

(2) $\dfrac{120}{360}$ で計算する。

❸ (1) 弧の長さ　$\dfrac{9}{2}\pi$ cm

面積　$\dfrac{27}{2}\pi$ cm^2

(2) 弧の長さ　π cm

面積　$\dfrac{3}{2}\pi$ cm^2

解き方 おうぎ形の弧の長さを ℓ，面積を S，半径を r，中心角を a° とすると

$\ell=2\pi r\times\dfrac{a}{360}$

$S=\pi r^2\times\dfrac{a}{360}$

(1) 弧の長さは，

$\ell=2\pi\times6\times\dfrac{135}{360}=\dfrac{9}{2}\pi(\text{cm})$

面積は，

$S=\pi\times6^2\times\dfrac{135}{360}=\dfrac{27}{2}\pi(\text{cm}^2)$

(2) 弧の長さは，

$\ell=2\pi\times3\times\dfrac{60}{360}=\pi(\text{cm})$

面積は，

$S=\pi\times3^2\times\dfrac{60}{360}=\dfrac{3}{2}\pi(\text{cm}^2)$

❹ 240°

解き方 おうぎ形の弧の長さを ℓ，半径を r，中心角を a° とすると，

$\ell=2\pi r\times\dfrac{a}{360}$

であり，$\ell=8\pi$，$r=6$ を代入すると，

$8\pi=2\pi\times6\times\dfrac{a}{360}$

この式を a について解くと，

$4=6\times\dfrac{a}{360}$

$a=360\times\dfrac{4}{6}=240$

半径 6 cm の円の周の長さが 12π cm だから，比例式 $8\pi:12\pi=a:360$ からも考えてみることができる。

p.44-45 Step 3

❶ (1) 弦(AB)

(2) 弧(AB)

(3) ∠COB 45°

(4)

❷

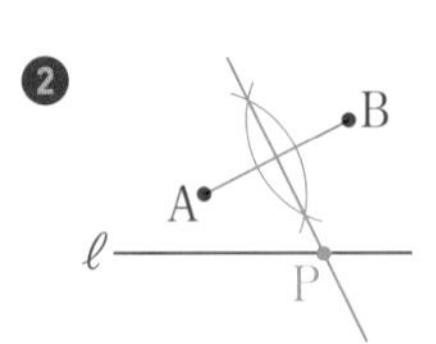

❸

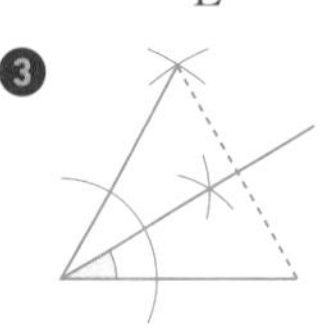

❹

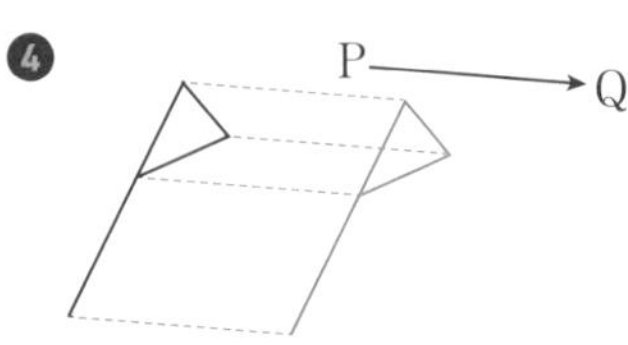

❺ (1) BC の中点を回転の中心として点対称移動

(2) (1)の点対称移動をして，さらに平行移動

❻ (1) AB∥CD　　(2) AB⊥CD

❼ 面積 $\frac{20}{3}\pi$ cm²　周の長さ $\left(\frac{20}{3}\pi+4\right)$ cm

❽ 60π cm²

解き方

❶ (1) 円周上の 2 点を結ぶ線分を弦という。

(3) 角を表す記号∠を使って表す。

(4) 右の図のように∠AOG の二等分線と円の周との交点を D，H とする。

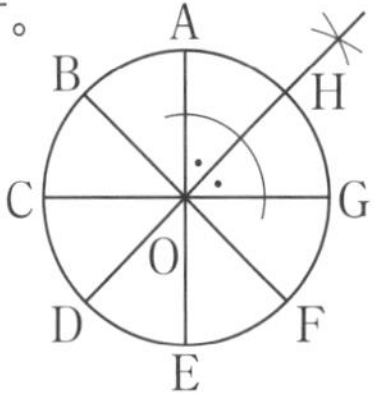

❷ 線分 AB の垂直二等分線を作図し，その線と直線 ℓ との交点が求める点 P である。

❸ 30° の角はちょうど 60° の角の半分であると考えて作図する。

① 3 辺の長さが等しい正三角形を作図する。

② 正三角形の 3 つの角はいずれも 60° になっているので，どれか 1 つの角の二等分線を作図する。

❹ 平行移動は，一定の方向に，一定の距離だけずらす移動である。

右の図の点 A～D を PQ と平行に PQ の長さだけずらす。

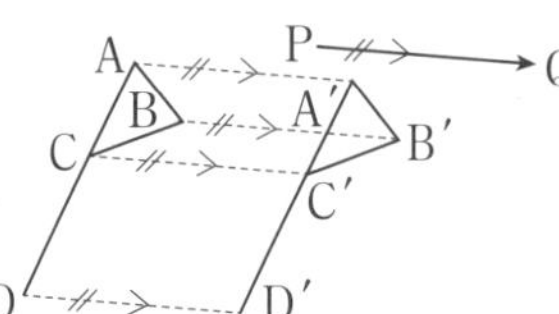

❺ (1) 右の図のように，BC の中点 M を回転の中心として，180° の回転移動(点対称移動)を行う。

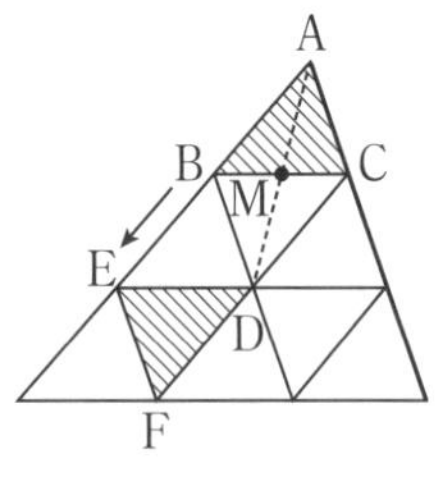

(2) (1)の移動で，△ABC は △DCB に移っているので，△DCB を，点 B が E に移るように，平行移動する。

❻ (1) 右の図のように，2 直線 AB と CD が平行であることを，記号∥を使って表す。

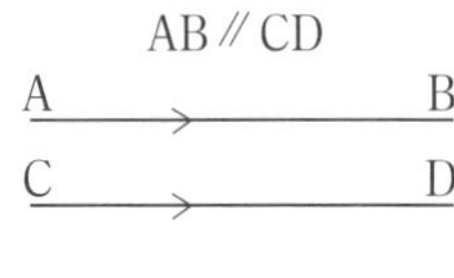

(2) 右の図のように，2 直線 AB と CD が垂直であることを，記号⊥を使って表す。

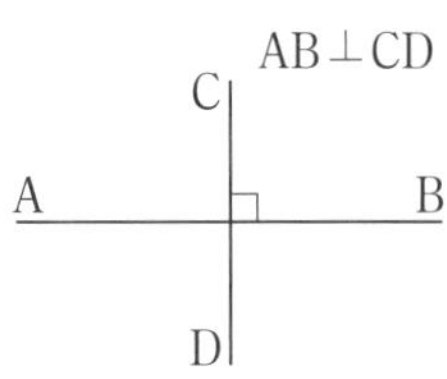

❼ 右の図のように，半径 6 cm，中心角 120° のおうぎ形に，半径 4 cm，中心角 120° のおうぎ形が重なっている。

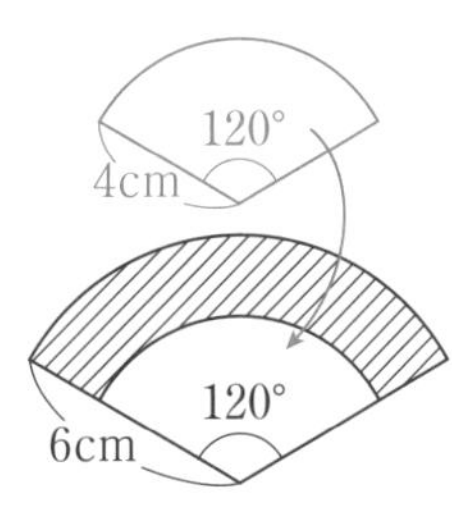

面積は，

$\pi\times6^2\times\frac{120}{360}-\pi\times4^2\times\frac{120}{360}$ で求められる。

周の長さは，

$2\pi\times6\times\frac{120}{360}+2\pi\times4\times\frac{120}{360}+(6-4)\times2$

で求められる。

❽ 右の図のように，半径 10 cm，中心角 a°，弧の長さ 12π cm のおうぎ形があると考える。

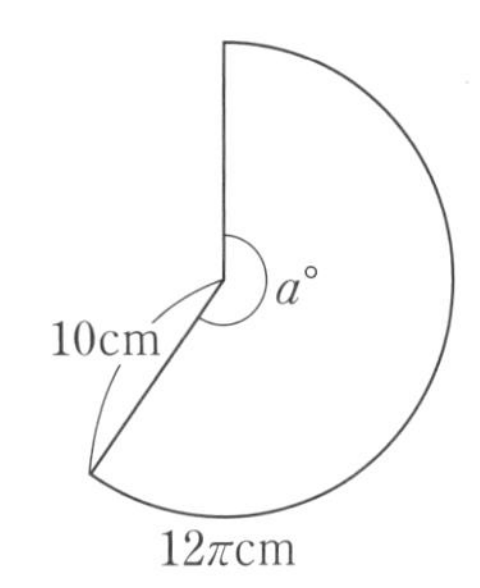

おうぎ形の弧の長さを ℓ cm，半径を r cm とすると，

$\ell=2\pi r\times\frac{a}{360}$ だから，

$12\pi=2\pi\times10\times\frac{a}{360}$

上の式を，a について解くと，

$a=360\times\frac{3}{5}=216$

これを利用して，面積を求めればよい。

7章 空間図形

1節 空間図形の基礎

p.47 Step 2

❶ ㋐ 円柱　㋑ 正三角錐　㋒ 五角錐

解き方 ㋐ 底面に平行な面で切ったときの切り口がすべて合同で，側面が底面に垂直な立体を柱という。
㋑ 底面が多角形で，側面がすべて三角形である立体を角錐という。この場合，底面が正三角形なので，正三角錐という。
㋒ 底面が正五角形ではないので，正五角錐とはしないで，五角錐とする。

❷ (1) 4 cm
(2) 2 cm

解き方 底面が三角形の三角錐になる。
(1) AD が高さになる。
(2) BD が高さになる。

❸ (1) ㋐ 正四面体　㋑ 正八面体
(2) ㋐ 2　㋑ 2

解き方 (1) 正多面体は，正多角形の面の数が名前になっている。
㋐ 正三角形の面が 4 つなので，正四面体である。
㋑ 正三角形の面が 8 つなので，正八面体である。

❹ (1) 面 DEF
(2) 辺 DF，EF，CF
(3) 面 BCFE
(4) 面 ABC，DEF，BCFE

解き方 (1) 辺 AB をふくむ面 ADEB，ABC をのぞくと，辺 AB と平行な面は，面 DEF の 1 つ。
(2) 辺 AB と同じ平面上にない辺を考える。
右図のように，同じ平面上にある辺に印をつけていって，残った辺を見つければよい。
(3) 辺 AB をふくむ面 ABC と面 ADEB はのぞく。
(4) 3 つの面があることに注意する。

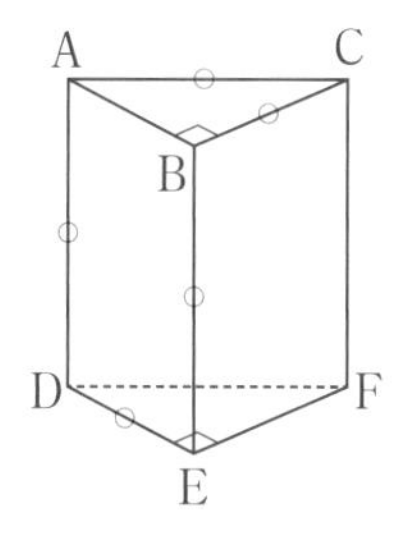

2節 立体の見方と調べ方

p.49 Step 2

❶ (1) 半円　(2) 直角三角形　(3) 長方形　(4) 台形

解き方 回転の軸をふくむ平面で切ったときの切り口の図形の半分になる。

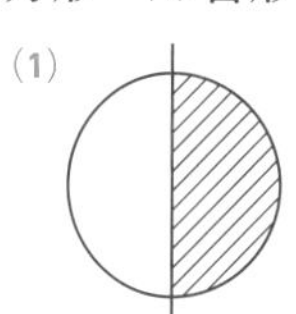

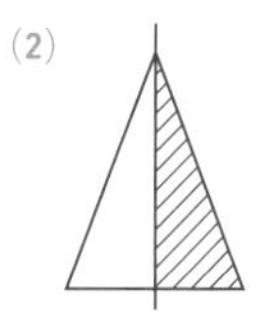

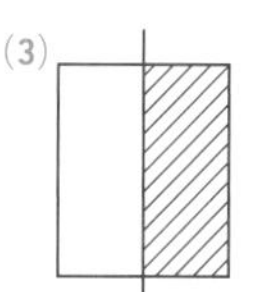

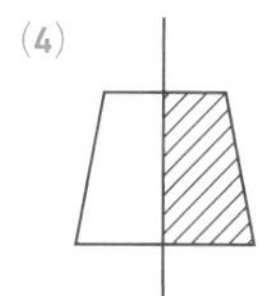

❷

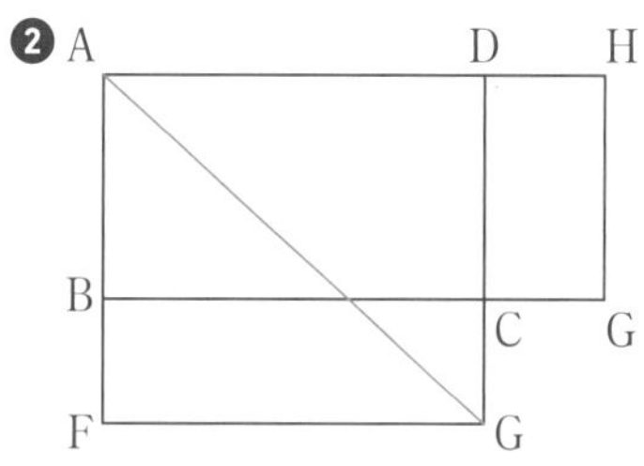

解き方 図のように，A，J，G が一直線になるときに，かけられたひもの長さが最も短くなる。I や K を通って直線で結ぶと，遠まわりをしていることがわかる。

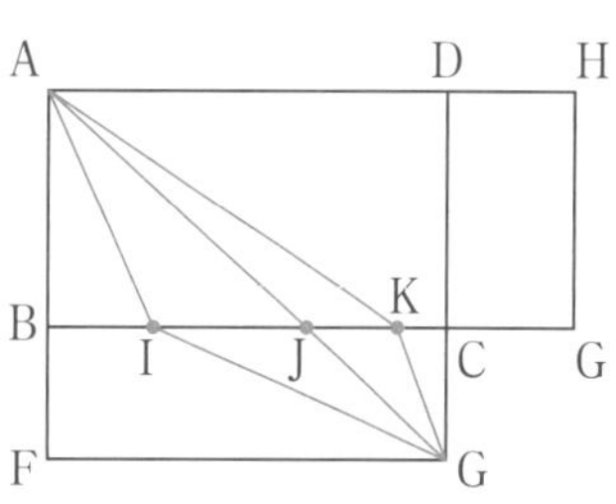

このように，立体のままで考えると辺 BC 上のどの点を通るときに最も短くなるかがわかりにくい場合でも，展開図に表すとよくわかることがある。

❸ (1) ㋒　(2) ㋓　(3) ㋑

解き方 見取図など形をかいて考えることが大切である。

3節 立体の体積と表面積

p.51 **Step ❷**

❶ (1) 10π cm　　(2) 200°

(3) 70π cm^2

解き方 (1) おうぎ形の弧の長さは，底面の円の周の長さと同じだから，10π cm

(2) おうぎ形の中心角を a° とすると，

$$2\times\pi\times9\times\frac{a}{360}=10\pi \quad より$$

$a=200$

(3) 側面積は　$\pi\times9^2\times\dfrac{200}{360}=45\pi(\text{cm}^2)$

底面積は　$\pi\times5^2=25\pi(\text{cm}^2)$

である。

❷ 体積 400 cm^3

表面積 360 cm^2

解き方 体積は，

$$\frac{1}{3}\times10^2\times12=400(\text{cm}^3)$$

表面積は，

側面積は4つの三角形の面積の合計だから，

$$\frac{1}{2}\times10\times13\times4=260(\text{cm}^2)$$

底面積は正方形だから，

$$10^2=100(\text{cm}^2)$$

したがって，表面積は

$$260+100=360(\text{cm}^2)$$

❸ (1) 100π cm^2　　(2) $\dfrac{500}{3}\pi$ cm^3

(3) 3：2

解き方 (1) 球の半径も5 cmだから，表面積は，

$$4\pi\times5^2=100\pi(\text{cm}^2)$$

(2) 球の体積は，

$$\frac{4}{3}\pi\times5^3=\frac{500\pi}{3}(\text{cm}^3)$$

(3) 円柱の表面積は，

$$10\times2\pi\times5+\pi\times5^2\times2=150\pi(\text{cm}^2)$$

(1)より，円柱の表面積と球の表面積の比は，

$$150\pi:100\pi=3:2$$

❹ 体積 12π cm^3

表面積 24π cm^2

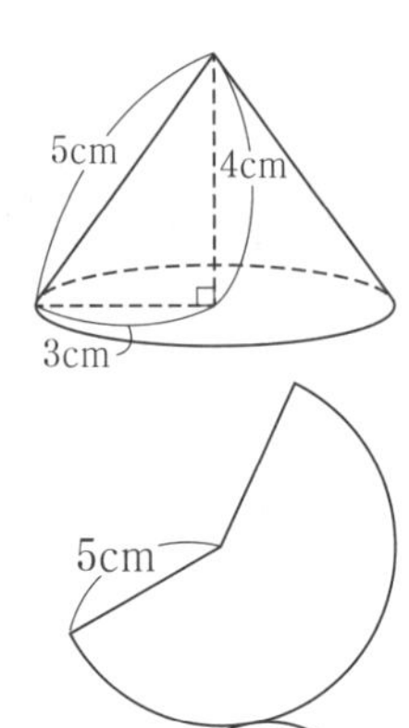

解き方 できる立体は，図のような底面の半径が3 cmで高さが4 cmの円錐である。

この円錐の体積は，

$$\frac{1}{3}\times\pi\times3^2\times4$$

$$=12\pi(\text{cm}^3)$$

また，展開図は図のようになるから，側面のおうぎ形の中心角を a° とすると，弧の長さと底面の円周が等しいことにより，

$$2\pi\times5\times\frac{a}{360}=2\pi\times3$$

$$a=216$$

よって，円錐の表面積は，

$$\pi\times5^2\times\frac{216}{360}+\pi\times3^2=15\pi+9\pi$$

$$=24\pi(\text{cm}^2)$$

p.52-53 Step 3

❶ (1) 面 EFGH，CGHD

(2) 辺 BC，BF，CG，FG

(3) 辺 AB，EF，BC，FG

❷ (1) 円錐　(2) $135°$　(3) $\dfrac{297}{4}\pi\ \text{cm}^2$

❸ (1) $108\ \text{cm}^2$　(2) $192\pi\ \text{cm}^2$

❹ (1) 円錐　　(2) (正)四角錐

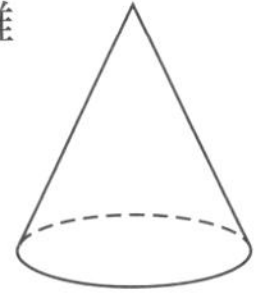

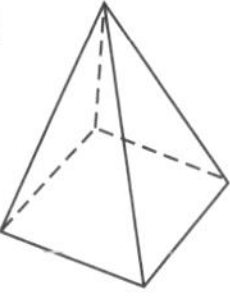

❺ 体積 $48\pi\ \text{cm}^3$　表面積 $48\pi\ \text{cm}^2$

❻ ㋐ 正八面体　㋑ 正十二面体　㋒ 12

㋓ 30　㋔ 20

解き方

❶ (1) 辺 AB をふくむ面と交わる面をのぞく面が平行な面である。

(2) 面 AEHD と平行な面にふくまれている辺である。

(3) 辺 DH と平行な辺と交わる辺をのぞく辺である。

❷ (2) 側面のおうぎ形の弧の長さは底面の円の周の長さ 9π cm と同じ長さなので，中心角を $a°$ として考えると，

$2\times\pi\times12\times\dfrac{a}{360}=9\pi$　より $a=135$

(3) 側面積は　$\pi\times12^2\times\dfrac{135}{360}=54\pi(\text{cm}^2)$

底面積は　$\pi\times\left(\dfrac{9}{2}\right)^2=\dfrac{81}{4}\pi(\text{cm}^2)$

❸ (2) 円柱の展開図は下のようになる。

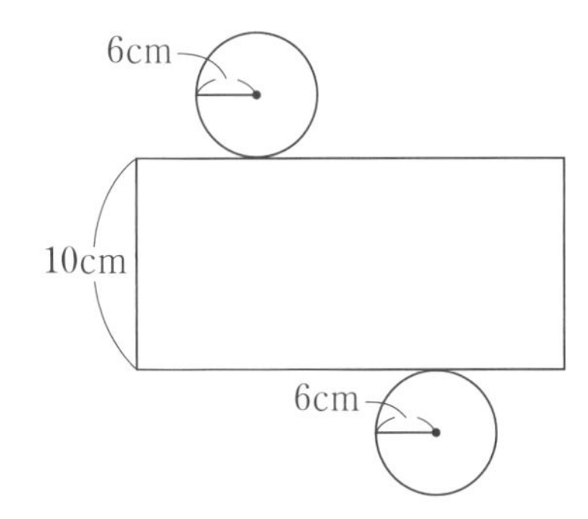

表面積は，$12\pi\times10+\pi\times6^2\times2=192\pi(\text{cm}^2)$

❹ (2) 底面が正方形で，側面がすべて合同な二等辺三角形なので，正四角錐である。

四角錐と答えてもよいことにする。

❺ 回転体は右のようになる。

体積は，円錐と円柱の体積を合わせたものである。

円錐の体積は，

$\dfrac{1}{3}\times\pi\times3^2\times4=12\pi(\text{cm}^3)$

円柱の体積は，

$\pi\times3^2\times4=36\pi(\text{cm}^3)$

したがって，求める体積は，

$12\pi+36\pi=48\pi(\text{cm}^3)$

表面積は，円錐の部分のおうぎ形と円柱の側面となる長方形と底面の円の面積の和である。

おうぎ形の中心角 $a°$ は次のように求められる。

$2\times\pi\times5\times\dfrac{a}{360}=2\times\pi\times3$ より $a=216$

したがって，おうぎ形の面積は，

$\pi\times5^2\times\dfrac{216}{360}=15\pi(\text{cm}^2)$

❻ 正多面体は，5 種類しかなく，どの面も合同な正多角形で，どの頂点にも面が同じ数だけ集まっていて，へこみのない多面体をいう。

㋒ 1 つの面に辺は 4 つあり，1 つの辺を 2 つの面で共有するから，$4\times6\div2=12$

㋓ 1 つの面に辺は 3 つあり，1 つの辺を 2 つの面で共有するから，$3\times20\div2=30$

㋔ 1 つの面に頂点は 5 つあり，1 つの頂点を 3 つの面で共有するから，$5\times12\div3=20$

正多面体の展開図は下のようになる。

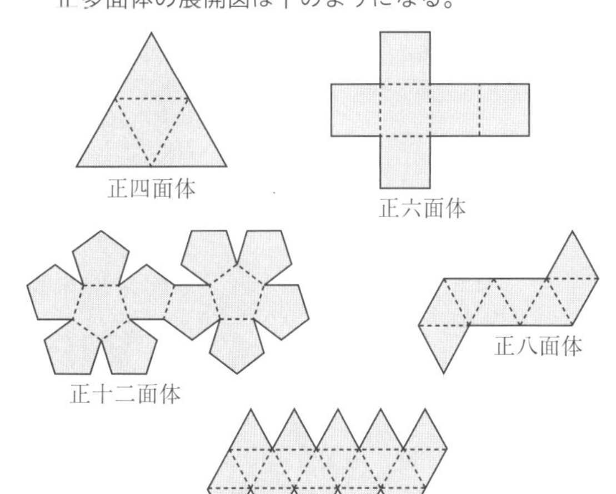

8章 データの分析

1節 度数の分布

2節 データの活用

p.55 Step 2

❶ (1) 度数分布表

(2) ① 階級　② 階級値

解き方 (1) 1人1人の記録がわかっているときに，ある集団の全体のようすがわかるようなものが必要になる。そのとき，同じくらいの記録をひとまとめにして整理した表が度数分布表である。

(2) 度数分布表は，ある区間ごとにわけてそこに入る数を入れて表している。その区間を階級といい，その階級の中央の数値を，階級値という。

❷ 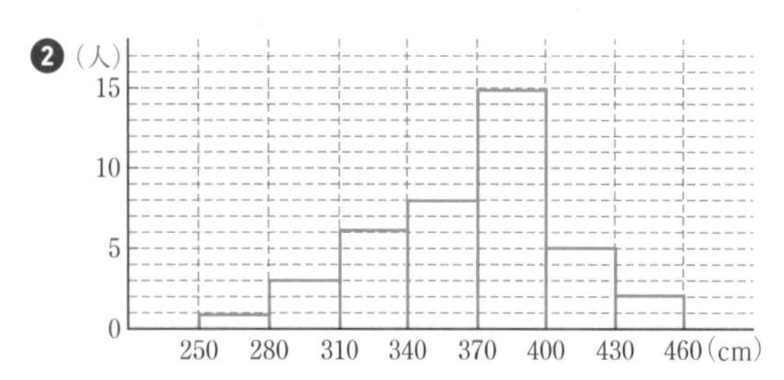

平均値 367 cm

解き方 平均値を度数分布表よりそれぞれの階級値をとって，次のような式で求められる。

$(265\times1+295\times3+325\times6+355\times8+385\times15$

$+415\times5+445\times2)\div40$

$=14680\div40=367$(cm)

❸ (1)

階級(cm)	相対度数
以上 250 ～ 280 未満	0.025
280 ～ 310	0.075
310 ～ 340	0.150
340 ～ 370	0.200
370 ～ 400	0.375
400 ～ 430	0.125
430 ～ 460	0.050
計	1.000

(2) 0.75

(3) 385 cm

(4) 370 cm 以上 400 cm 未満

解き方 (1) 相対度数は，階級ごとの度数の，合計に対する割合である。

$\dfrac{(\text{その階級の度数})}{(\text{度数の合計})}$

p.56 Step 3

❶ (1) 5人

(2)

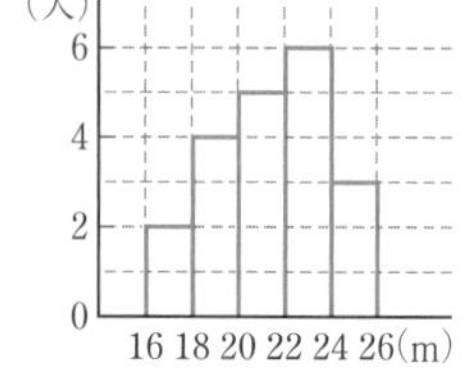

(3) 21.4 m

(4) 20 m 以上 22 m 未満

❷ (1) A 12 g　平均値 49 g

B 13 g　平均値 50 g

(2) 55 g

❸ 通学時間が20分未満の人(生徒)の割合

解き方

❶ (1) $20-(2+4+6+3)=5$(人)

(3) $(17\times2+19\times4+21\times5+23\times6+25\times3)\div20$

$=21.4$(m)

(4) 中央値は小さい方から10番目と11番目のデータの入っている階級

❷ (1) Aのたまごの重さの合計は 490 g

Bのたまごの重さの合計は 500 g

したがって，それぞれ10でわって，平均値が求められる。

(2) それぞれの分布のようすを，右の表のように表すことができる。

したがって，54 g以上56 g未満の階級が5と一番多く最頻値をふくむ階級となる。

階級(g)	A	B
以上 42 ～ 44 未満	2	1
44 ～ 46	0	1
46 ～ 48	1	1
48 ～ 50	2	2
50 ～ 52	2	1
52 ～ 54	2	0
54 ～ 56	1	4
計	10	10

❸ 累積相対度数は，最も小さい階級から各階級までの相対度数の合計なので，ある階級未満の度数の，全体に対する割合を知ることができる。

テスト前 ✓ やることチェック表

① まずはテストの目標をたてよう。頑張ったら達成できそうなちょっと上のレベルを目指そう。
② 次にやることを書こう（「ズバリ英語〇ページ，数学〇ページ」など）。
③ やり終えたら□に✓を入れよう。
最初に完ぺきな計画をたてる必要はなく，まずは数日分の計画をつくって，
その後追加・修正していっても良いね。

目標

	日付	やること 1	やること 2
2週間前	／	□	□
	／	□	□
	／	□	□
	／	□	□
	／	□	□
	／	□	□
	／	□	□
1週間前	／	□	□
	／	□	□
	／	□	□
	／	□	□
	／	□	□
	／	□	□
	／	□	□
テスト期間	／	□	□
	／	□	□
	／	□	□
	／	□	□
	／	□	□

QRコードのページに登録すると，「ぴたリンク」からも表をダウンロードできるよ

① まずはテストの目標をたてよう。頑張ったら達成できそうなちょっと上のレベルを目指そう。
② 次にやることを書こう（「ズバリ英語〇ページ，数学〇ページ」など）。
③ やり終えたら□に✓を入れよう。
最初に完ぺきな計画をたてる必要はなく，まずは数日分の計画をつくって，
その後追加・修正していっても良いね。

目標

	日付	やること 1	やること 2
2週間前	／	□	□
	／	□	□
	／	□	□
	／	□	□
	／	□	□
	／	□	□
	／	□	□
1週間前	／	□	□
	／	□	□
	／	□	□
	／	□	□
	／	□	□
	／	□	□
	／	□	□
テスト期間	／	□	□
	／	□	□
	／	□	□
	／	□	□
	／	□	□

キリトリ線

QRコードのページに登録すると，「ぴたリンク」からも表をダウンロードできるよ

チェックBOOK

- テストにズバリよくでる！
- 用語・公式や例題を掲載！

数学

教育出版版

1年

シートで
何度でも！

1章 整数の性質

1節 整数の性質

教 p.16～20

1 素数と素因数分解

□ものの個数を数えたり，ものの順番を示したりするときに使われる数 1，2，3，4，5，…を［自然数］という。

□1 とその数自身の積の形でしか表せない自然数を［素数］という。ただし，1 は素数には入れない。

□自然数をいくつかの素数の積の形で表すとき，その 1 つ 1 つの数を，もとの自然数の［素因数］という。

□自然数を素因数だけの積の形に表すことを［素因数分解］するという。

2 累乗

□6×6 を［6^2］，6×6×6 を［6^3］と表し，6^2 を 6 の［2 乗］，6^3 を 6 の［3 乗］と読む。2 乗，3 乗などをまとめて［累乗］という。

□6^2 や 6^3 などの右上に小さく書いた数を，累乗の［指数］という。

3 素因数分解の活用

□90 は，$90=2\times3^2\times5$ と素因数分解できるから，90 の素因数は，［2］と［3］と［5］である。

□次のようにして，90 の約数をすべて求めることができる。

・すべての自然数の約数…［1］　・素因数…［2］，［3］，［5］

・素因数 2 個の積…2×3=［6］，3×3=［9］，2×5=［10］，
3×5=［15］

・素因数 3 個の積…2×3×3=［18］，2×3×5=［30］，
3×3×5=［45］

・素因数 4 個の積…2×3×3×5=［90］

教 p.26〜33

1 符号のついた数

□負の数は「−」(負 の符号(ふごう))をつけて表すが，正の数にも「＋」(正 の符号)をつけて表すことがある。

例　0より2小さい数は -2，0より3大きい数は $+3$

□ 整数：……，-3，-2，-1，0，1，2，3，……

負 の整数（……，-3，-2，-1）　正の整数(自然数)（1，2，3，……）

2 反対の性質をもつ量

□たがいに反対の性質をもつと考えられる量は，正の数， 負の数 を使って表すことができる。

例　300円の利益を，$+300$円と表すとき，200円の損失は，-200 円と表すことができる。

3 重要 数の大小

□負の数 $<$ 正の数

□正の数は0より 大きく ，絶対値(ぜったいち)が大きいほど 大きい 。

□負の数は0より 小さく ，絶対値が大きいほど 小さい 。

4 絶対値

□数直線上で，0からある数までの距離(きょり)を，その数の 絶対値 という。

例　5の絶対値は 5 ，-3の絶対値は 3 ，0の絶対値は 0

教 p.34〜60

1 重要 正の数，負の数の計算

□正の数，負の数の加法

	符号	絶対値
同符号の2数の和	2数と 同じ 符号	2数の絶対値の 和
異符号の2数の和	絶対値の 大きい方 の符号	2数の絶対値の大きい方から小さい方をひいた 差

□正の数，負の数の減法

ひく数の符号を変えて， 加法 に直してから計算する。

例 $(+3)-(-4)=(+3)+(\boxed{+4})=\boxed{+7}$

□正の数，負の数の乗法，除法

	符号	絶対値
同符号の2数の積，商	正	2数の絶対値の積，商
異符号の2数の積，商	負	

□乗法だけの式の計算結果の符号は，

負の符号の個数が
- 偶数個のとき…… ＋
- 奇数個のとき…… －

□除法と逆数(→逆数は，2数の積が1になるそれぞれの数)

除法は，わる数を逆数にして， 乗法 に直してから計算する。

例 $(-8)\div\left(+\frac{4}{5}\right)=(-8)\times\left(\boxed{+\frac{5}{4}}\right)=-10$

（$+\frac{4}{5}$ → 逆数 → $+\frac{5}{4}$）

□四則をふくむ式の計算の順序は，

指数 をふくむ部分・かっこの中→ 乗除 →加減

教 p.72〜83

1 重要 文字式の表し方

□❶ かけ算の記号×を [はぶいて] 書く。

|例| $a\times b=$ [ab]　←ふつうはアルファベットの順に書く。

□❷ 文字と数の積では，数を文字の [前] に書く。

|例| $x\times 2=$ [$2x$]

□❸ 同じ文字の積は，[指数] を使って書く。

|例| $x\times x=$ [x^2]

□❹ わり算は，記号÷を使わないで，[分数] の形で書く。

|例| $x\div 3=$ [$\dfrac{x}{3}$]　←$\dfrac{1}{3}x$ のように書くこともできる。

2 いろいろな数量を表す

□文字を使った式の表し方にしたがって，いろいろな数量を文字式で表すことができる。

|例| 3000円を出して，1本 x 円のジュースを5本買ったときのおつりを文字式で表すと，代金は [$5x$] 円だから，おつりは，[$3000-5x$] (円)

3 式の値

□式の中の文字に数をあてはめることを [代入] するという。また，代入して求めた結果を [式の値] といいます。

|例| $x=-2$ のとき，$5-x$ の値は，

$5-x=5-(-2)=5+$ [2] $=$ [7]

教 p.84~93

1 項と係数

□式 $3x-2$ を，$3x+(-2)$ と加法で表したとき，$3x$ と -2 をその式の 項 といい，$3x$ の 3 を，x の 係数 という。

2 式を簡単にする

□文字の部分が同じ項は，1 つの項にまとめることができる。

例 $4x+3x=(\boxed{4+3})x$
$=7x$

$4x-3x=(\boxed{4-3})x$
$=x$

3 1 次式の加法，減法

□文字が同じ項どうし，数の項どうしをそれぞれまとめる。

例 $(4x+3)+(2x-5)=4x+3\boxed{+2x-5}$
$=4x+2x+3-5$
$=\boxed{6x-2}$

$(4x+3)-(2x-5)=4x+3\boxed{-2x+5}$
$=4x-2x+3+5$
$=\boxed{2x+8}$

4 1 次式と数の乗法，除法

□乗法は，数どうしの積に文字をかける。

例 $4x\times3=4\times x\times3$
$=4\times3\times x$
$=\boxed{12x}$

□除法は，分数の形にする。

例 $4x\div3=\dfrac{4x}{3}$
$=\boxed{\dfrac{4}{3}x}$

4章 方程式

1節 方程式とその解き方
2節 方程式の活用

教 p.106〜126

1 重要 等式の性質

□❶ 等式の両辺に同じ数をたしても，等式が成り立つ。

$A=B$ ならば $A+C=$ $\boxed{B+C}$

□❷ 等式の両辺から同じ数をひいても，等式が成り立つ。

$A=B$ ならば $A-C=$ $\boxed{B-C}$

□❸ 等式の両辺に同じ数をかけても，等式が成り立つ。

$A=B$ ならば $AC=$ $\boxed{BC}$

□❹ 等式の両辺を同じ数でわっても，等式が成り立つ。

$A=B$ ならば $\dfrac{A}{C}=\boxed{\dfrac{B}{C}}$ $(C \neq 0)$

2 一次方程式を解く手順

□❶ [かっこ] をはずしたり，係数を整数にしたりする。

□❷ 文字の項（こう）を一方の辺に，数の項を他方の辺に [移項] して集める。

□❸ $ax=b$ の形にする。

□❹ 両辺を x の [係数 a] でわる。

|例|

$4x+2=3(-x+3)$
❶
$4x+2=\boxed{-3x+9}$
❷
$4x\ \boxed{+}\ 3x=9\ \boxed{-}\ 2$
❸
$7x=7$
❹
$x=\boxed{1}$

3 比例式の性質

□$a:b=c:d$ ならば $\boxed{ad=bc}$

5章 比例と反比例

教 p.134〜142

1 関数

□ともなって変わる2つの変数 x，y があって，x の値を決めると，それに対応する y の値がただ1つ決まるとき，y は x の関数 であるという。

□変数のとる値の範囲を，その変数の 変域 という。

|例| x の変域が，2以上5未満のとき，$2 \leqq x < 5$

2 重要 比例

□y が x の関数で，$y=ax$（a は0でない定数）で表されるとき，y は x に 比例する という。このとき，定数 a を 比例定数 という。

□比例の関係 $y=ax$ では，x の値が2倍，3倍，4倍，……になると，y の値も 2倍，3倍，4倍，…… になる。

□比例の関係 $y=ax$ では，対応する x と y の商 $\dfrac{y}{x}$ の値は一定で，比例定数 a に等しい。

3 座標

□

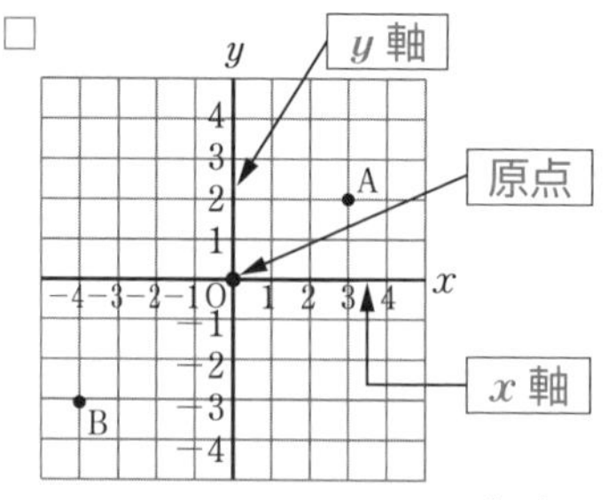

□左の図の点Aを表す数の組(3，2)を点Aの 座標 という。

|例| 上の図で，点Bの座標は(−4 ，−3)

5章 比例と反比例

教 p.143～155

1 比例のグラフ

□比例の関係 $y=ax$ のグラフは，原点を通る直線です。

□$a>0$

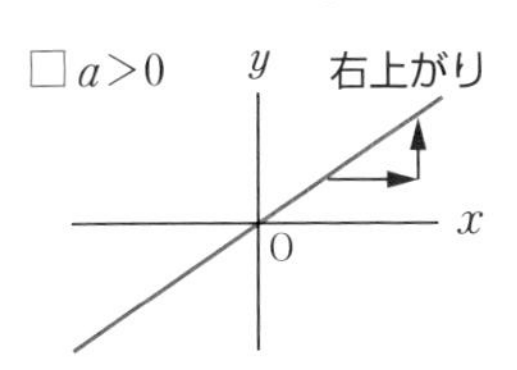

$a<0$

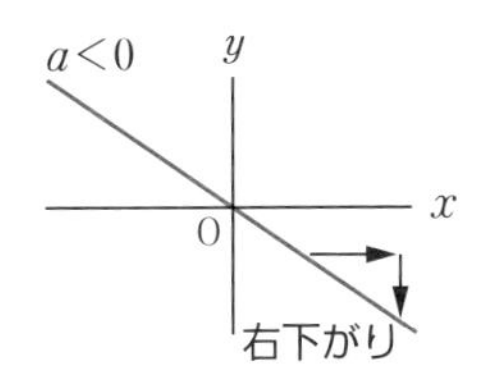

2 重要 反比例

□y が x の関数で，$y=\frac{a}{x}$（a は 0 でない定数）で表されるとき，y は x に反比例するという。このとき，定数 a を比例定数という。

□反比例（はんぴれい）の関係 $y=\frac{a}{x}$ では，x の値が 2 倍，3 倍，4 倍，……になると，y の値は $\frac{1}{2}$ 倍，$\frac{1}{3}$ 倍，$\frac{1}{4}$ 倍，……になる。

□反比例の関係 $y=\frac{a}{x}$ では，対応する x と y の積 xy の値は一定で，比例定数 a に等しい。

3 反比例のグラフ

□反比例の関係 $y=\frac{a}{x}$ のグラフを双曲線という。

□$a>0$

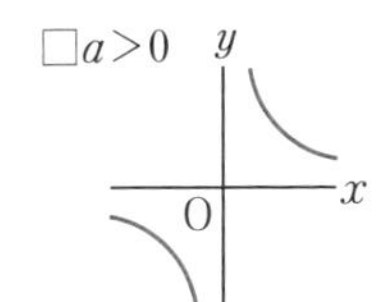

$a<0$

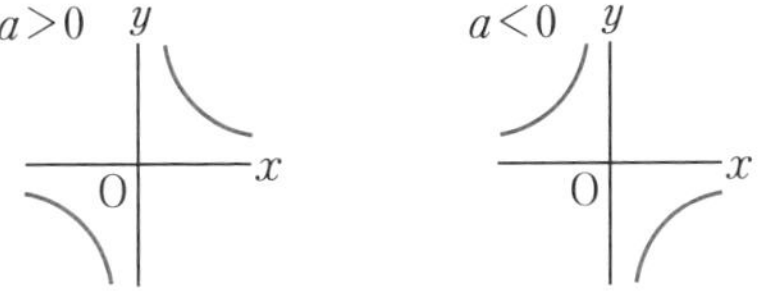

教 p.170〜176

1 直線

□

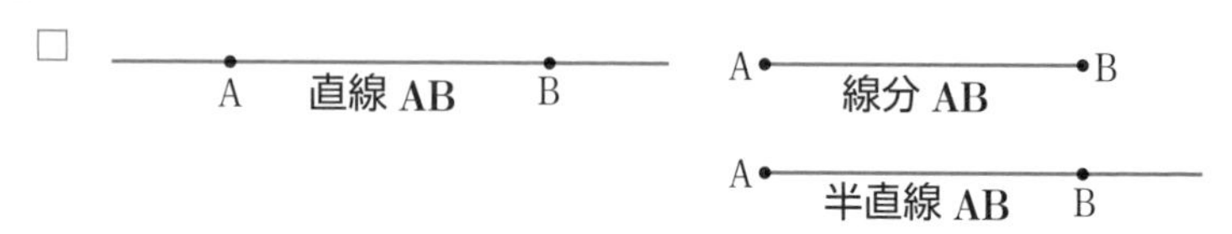

2 角の表し方

□右の図のような角を，角 ABC といい，
∠ABC と表します。

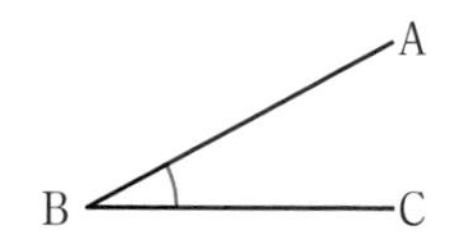

3 垂直な 2 直線

□ 2 直線 AB，CD が交わってできる角が直角であるとき，AB と CD は垂直であるといい，AB⊥CD と表します。

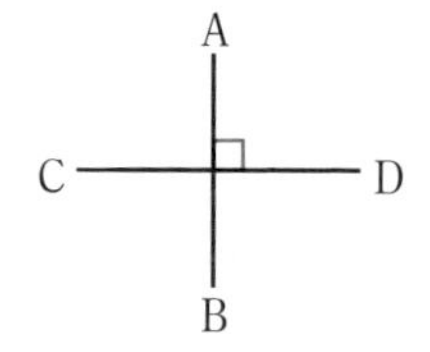

4 平行な 2 直線

□ 2 直線 AB，CD が交わらないとき，AB と CD は平行であるといい，
AB∥CD と表します。

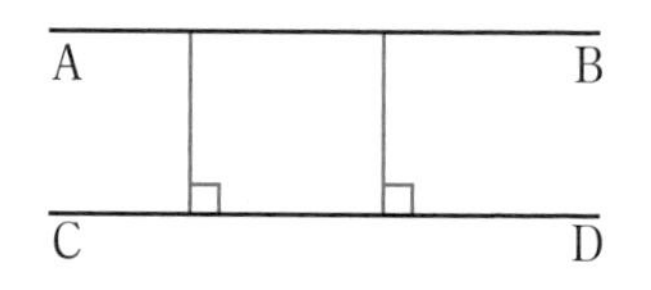

5 円

□円周の一部分を 弧 といい，
$\overset{\frown}{AB}$ のように表す。

□円周上の 2 点を結ぶ線分(せんぶん)を
弦 という。

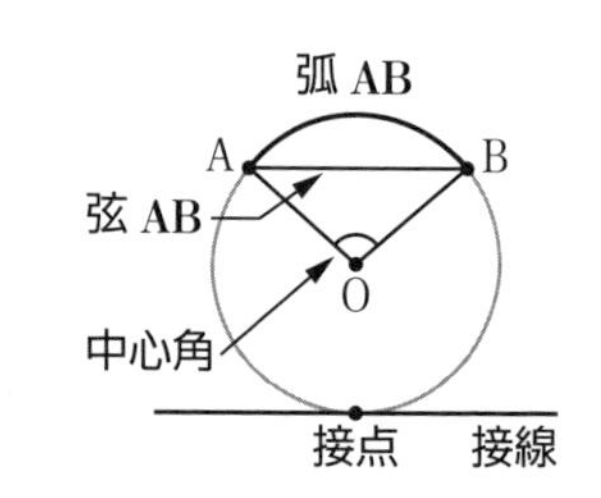

6章 平面図形

2節 作図
3節 図形の移動

教 p.177～192

1 図形の移動

□平行移動

対応する点を結んだ線分どうしは 平行 で，
その 長さ はすべて等しい。

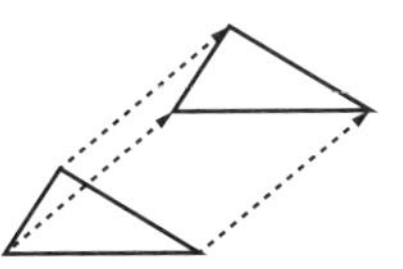

□回転移動

対応する点は，回転の中心 からの距離(きょり)が等しく，
対応する点と回転の中心とを結んでできた
角の大きさ はすべて等しい。

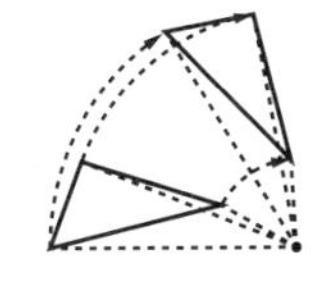

□対称移動

対応する点を結んだ線分は，対称の軸と 垂直 に
交わり，その交点 で 2 等分される。

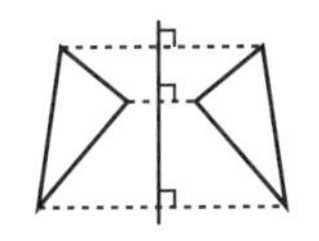

2 重要 基本の作図

□線分の垂直二等分線

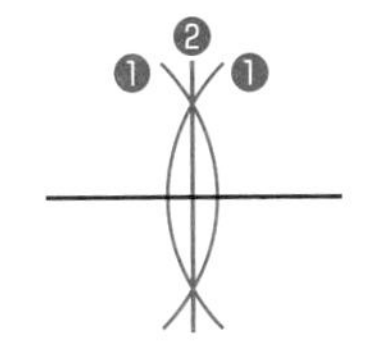

□角の二等分線

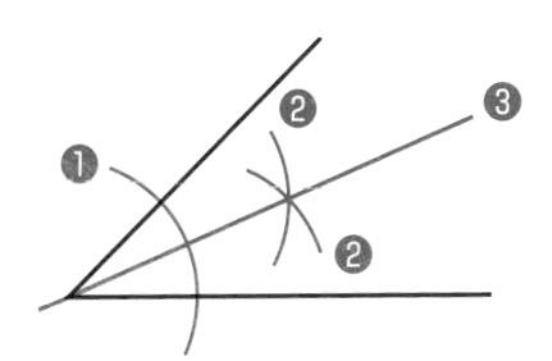

□直線上の 1 点を通る垂線

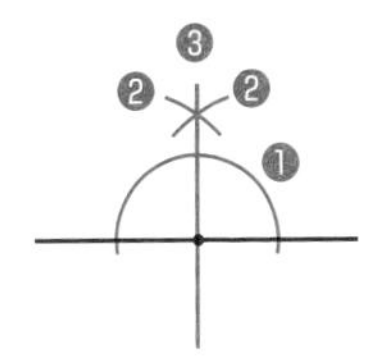

□直線上にない 1 点を通る垂線

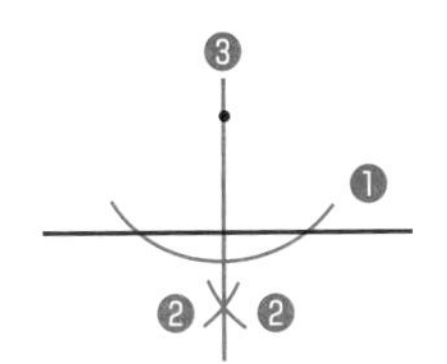

教 p.193～198

1 円とおうぎ形の性質

□

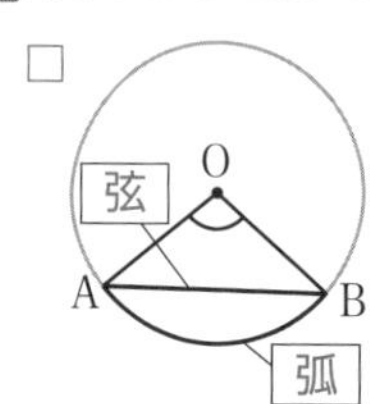

□左の図の ∠AOB を，$\overset{\frown}{AB}$ に対する 中心角 といいます。

2 重要 円とおうぎ形の計量

□円の周の長さと面積

半径 r の円の周の長さを ℓ，面積を S とすると，

$\ell=$ $2\pi r$　　$S=$ πr^2

□おうぎ形の弧(こ)の長さと面積

半径 r，中心角 $a°$ のおうぎ形(がた)の弧の長さを ℓ，面積を S とすると，

$\ell=$ $2\pi r\times\dfrac{a}{360}$　　$S=$ $\pi r^2\times\dfrac{a}{360}$

3 半径の等しい円とおうぎ形

□(おうぎ形の弧の長さ)：(円の周の長さ)＝(中心角 の大きさ)：360

□(おうぎ形の面積)：(円の面積)＝(中心角の大きさ)： 360

例　半径 3 cm，弧の長さ 3π cm のおうぎ形の中心角を $a°$ とすると，

半径 3 cm の円の周の長さは 6π cm だから，

3π ： 6π $=a：360$

$6\pi\times a=3\pi\times360$

$a=$ 180

7章 空間図形

教 p.208〜218

1 いろいろな立体

□

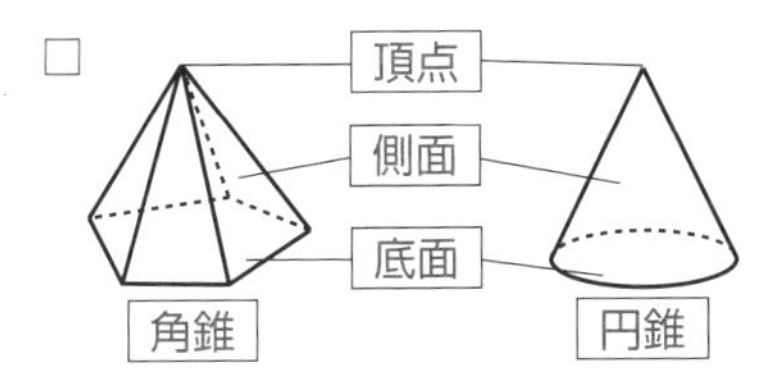

2 空間内の平面と直線

□ 2 直線の位置関係

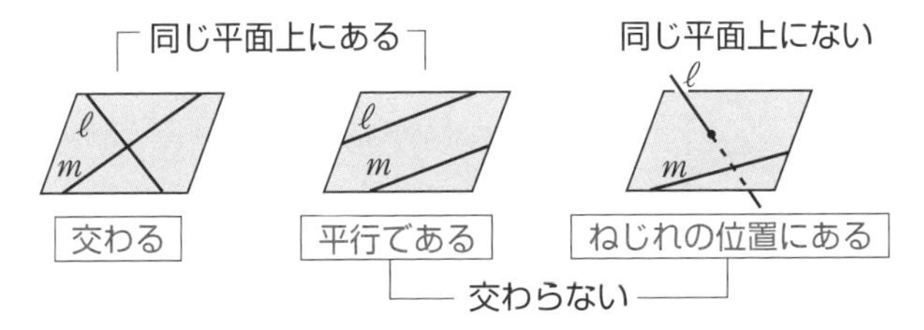

□直線と平面の位置関係

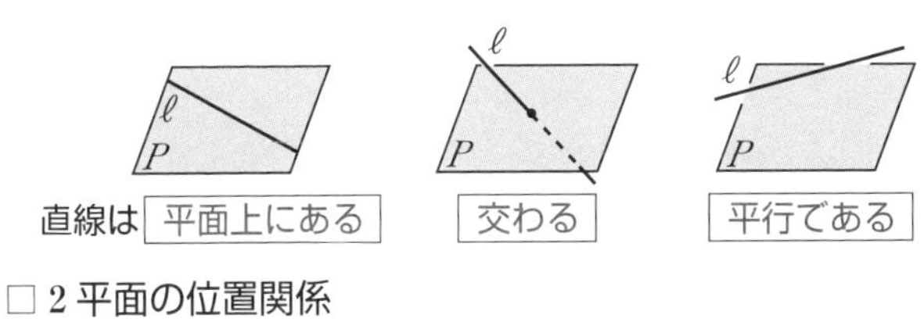

□ 2 平面の位置関係

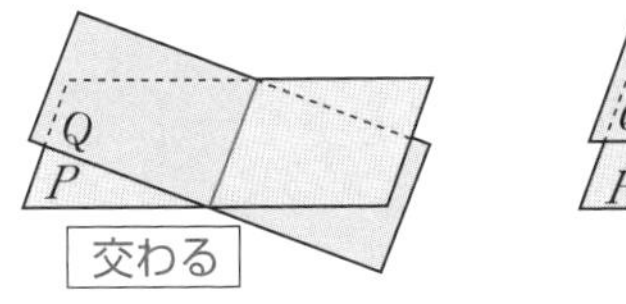

教 p.219～226

1 線や面を動かしてできる立体

□面を回転させてできる立体

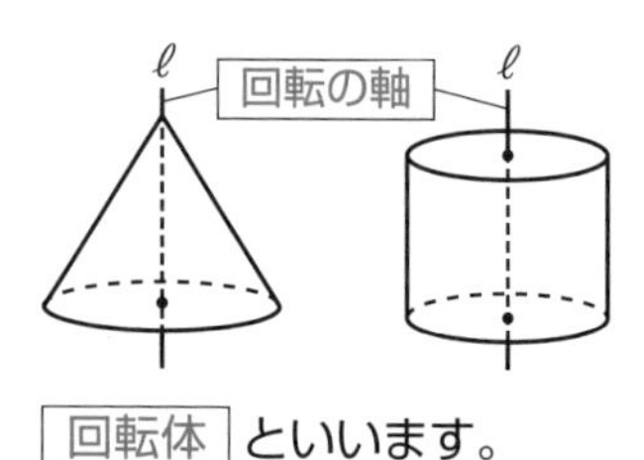

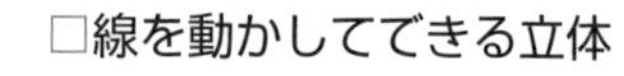

回転体 といいます。

□線を動かしてできる立体

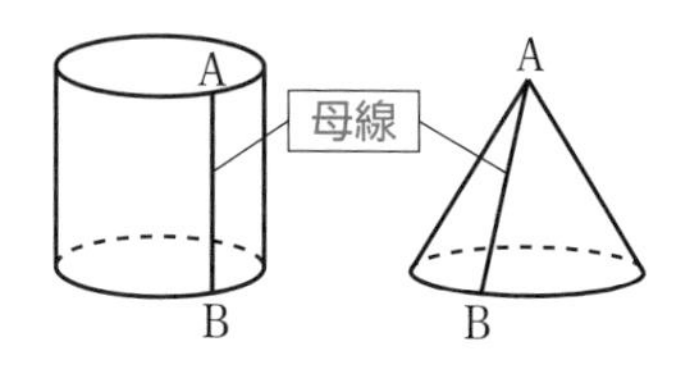

2 展開図

□円柱

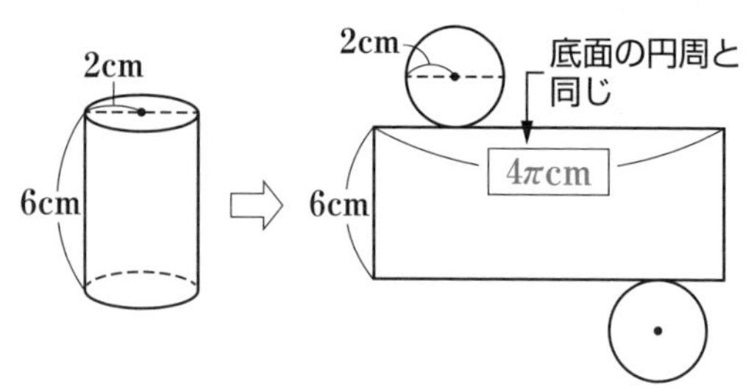

□円錐

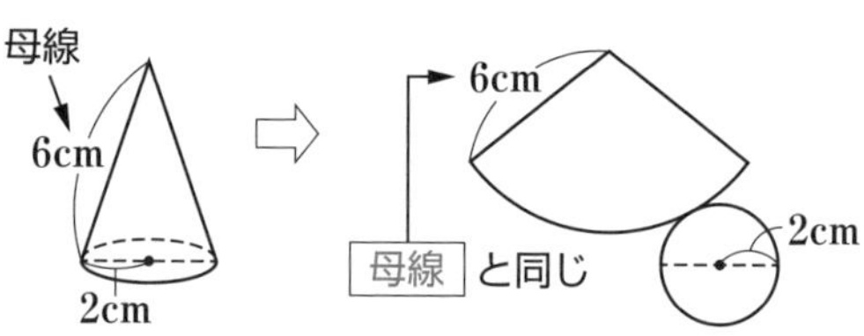

3 投影図

□立体を，真正面から見た図を 立面図 といい，真上から見た図を 平面図 といいます。
立面図(りつめんず)と平面図(へいめんず)をあわせて，投影図 といいます。線より上に立面図，下に平面図をかきます。

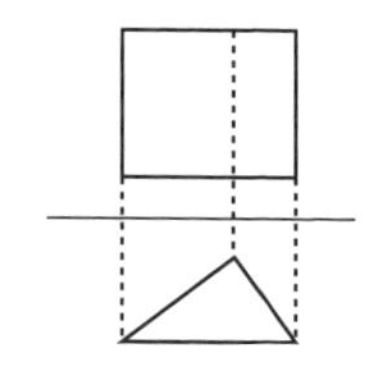

教 p.227～234

1 角柱，円柱の体積

□角柱，円柱の底面積を S，高さを h，
体積を V とすると，$V=$ Sh

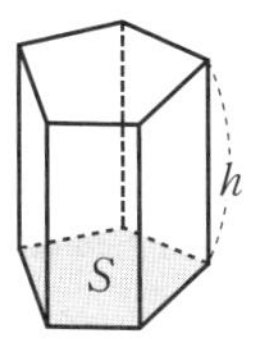

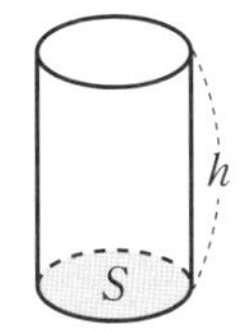

2 重要 角錐，円錐の体積

□角錐（すい），円錐の底面積を S，高さを h，
体積を V とすると，$V=$ $\frac{1}{3}Sh$

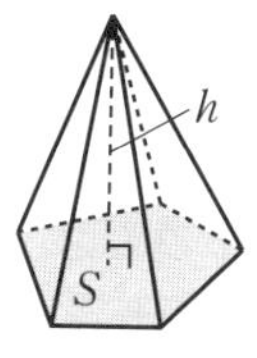

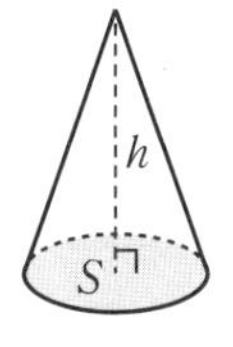

3 球の体積と表面積

□半径 r の球の体積を V，表面積（ひょうめんせき）を S とすると，

$V=$ $\frac{4}{3}\pi r^3$

$S=$ $4\pi r^2$

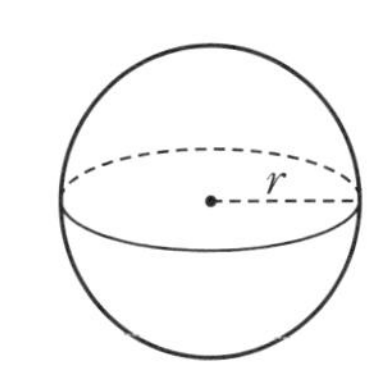

例 半径 2 cm の球の体積と表面積

(体積)$=\frac{4}{3}\pi\times 2^3=\frac{32\pi}{3}$ (cm^3)

(表面積)$=4\pi\times 2^2=16\pi$ (cm^2)

教 p.242〜257

1 重要 度数

□各階級に入るデータの個数を，その階級(かいきゅう)の 度数 という。

□階級の幅(はば)を横，度数を縦とする長方形を並べたグラフを ヒストグラム または，柱状グラフという。

2 代表値

□平均値，中央値，最頻値(さいひんち)のように，データの値全体を代表する値を 代表値 という。

□度数分布表で，それぞれの階級の真ん中の値を 階級値 という。

□度数分布表では， 度数の最も多い階級 の階級値を最頻値として用いる。

3 重要 相対度数

□(相対度数(そうたいどすう))＝(階級の度数)/(度数の合計)

□最も小さい階級から，ある階級までの度数の合計を 累積度数 という。

□最も小さい階級から，ある階級までの相対度数の合計を 累積相対度数 という。

4 確率

□あることがらの 起こりやすさの程度 を表す数を，そのことがらの起こる確率(かくりつ)という。

□多数回の実験では， 相対度数 を確率と考える。